贰阅 | 阅 爱 · 阅 美 好
ERYUE

让阅读走心

让阅历丰盛

对"应该"说不

做自由绽放的女子

周慕姿————— 著

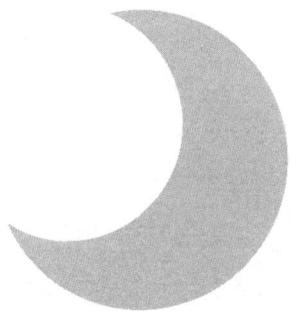

国际文化出版公司
·北京·

图书在版编目（CIP）数据

　　对"应该"说不：做自由绽放的女子／周慕姿著
．— 北京：国际文化出版公司，2022.1
　　ISBN 978-7-5125-1358-7

　　Ⅰ．①对… Ⅱ．①周… Ⅲ．①女性—人生哲学—通俗
读物 Ⅳ．① B821-49

中国版本图书馆 CIP 数据核字 (2021) 第 254774 号

　　书名：他们都说你"应该"——好女孩与好女人的疼痛养成
　　作者：周慕姿
　　本书中文繁体字版由宝瓶文化事业股份有限公司在台湾出版，现授权国际文化出版公司在中国大陆地区出版其中文简体字版。该出版权经锐拓传媒（copyright@rightol.com）代理，受法律保护，未经书面同意，任何机构与个人不得以任何形式进行复制、转载。

北京市版权局著作权合同登记 图字 01-2021-6680

对"应该"说不——做自由绽放的女子

作　　者	周慕姿	
总 策 划	陈　宇	
责任编辑	戴　婕	
特约编辑	袁艺丹　商金龙	
封面设计	新艺书文化	
出版发行	国际文化出版公司	
经　　销	全国新华书店	
印　　刷	北京雁林吉兆印刷有限公司	
开　　本	880 毫米 ×1230 毫米　　32 开	
	7.25 印张　　　　　　143 千字	
版　　次	2022 年 1 月第 1 版	
	2022 年 1 月第 1 次印刷	
书　　号	ISBN 978-7-5125-1358-7	
定　　价	56.00 元	

国际文化出版公司
　北京朝阳区东土城路乙 9 号　　　邮编：100013
　总编室：（010）64271551　　传真：（010）64271578
　销售热线：（010）64271187
　传真：（010）64271187- 800
　E-mail：icpc@ 95777.sina.net

你等着你的苦尽甘来，

或者，你乞求着那个幸福快乐的未来，

但是这些，似乎都如梦般遥不可及。

唯有相信，

只有你能掌握你的命运，

只有你可以成为给自己幸福快乐的那个人，

你的幸福才会到来。

目　录

自序　他们都在说"应该"，但我只想要"尊重与爱"　/IX

前言　是什么"束缚"了女人的心？　/XV

第一章　"应该"的女人

苦命女人　/003

忍得了委屈，期待苦尽甘来　/005

不能"生气"　/006

在压迫中没有选择，只能认命　/008

从被压迫者转为压迫者：媳妇熬成婆　/009

以"过来人"身份教你如何"取悦"男性与社会　/011

第二章 "应该"的传承

听话温顺、善解人意、压抑表现的，才是好女孩 /017

重男轻女：削弱女性的自我价值 /020
自我牺牲理所当然 /026
努力获得别人的肯定 /028

权威情结："被肯定的需求"与"讲究和谐、顺从的训练" /030
希望通过成功，找到自己在别人眼中的价值 /030
照顾好别人后，才可以做自己 /032
习惯顺从权威，隐藏愤怒 /034

身体意象的追求：要性感，也要守贞 /039
崇尚好身材、好长相 /041
害怕自己的身体引来他人的目光 /042

情绪技巧训练过程 /044
察言观色：在意他人的感受与评价 /045
情绪界限模糊：承担他人情绪责任，过度在意和谐 /046
取悦与顺从：学会习惯内心的委屈 /048
降低自我需求：害怕罪恶感与羞愧感 /050
默默羡慕、嫉妒与比较：不相信自己是好的 /053
嫉妒与羡慕的不同在于"独占性" /054

第三章　"应该"的爱情

在亲密关系中追求自我认同　/061

进入亲密关系就失去自我　/062

通过得到爱确定自己的价值　/062

追求全心全意只为爱情　/064

进入亲密关系后难以离开　/066

认为不被爱是因为自己不够好　/067

要求无条件地包容　/069

想让对方成为无条件地爱自己的"父母"　/071

用婴儿的方式索求爱　/071

被迫爱上性侵者的女孩　/073

是霸气、情不自禁的爱，还是侵犯　/077

长期得到的是不尊重自己意愿的爱　/078

被污名化却难以发声　/079

用爱来消除羞愧感　/081

浪子回头金不换：女孩的自我牺牲　/083

和这样的男孩在一起会让自己变得更好　/085

把自己最想要的爱与照顾给对方　/085

通过牺牲与奉献，感觉自己是特别的　/086

第四章　"应该"的婚姻

结婚，是让社会接纳的关键　/091

婆媳问题：做儿媳妇应该知本分　/095
不得不尽的本分　/098
创伤代代相传　/099
婆媳问题是母子问题、夫妻问题的一环　/099

等待不回家的男人　/102
需要爱，却不能任性　/104
重演童年剧本　/105

离婚等于失败　/106

进入婚姻的女性面对的束缚　/109
去性化　/109
好好照顾家中的每个人　/111
争取家庭地位：生男孩　/112

第五章　"应该"的妈妈

成为一个好妈妈，为孩子牺牲一切　/117

背负好妈妈的压力　/120

要求孩子弥补自己　/121

为了顾全大局，牺牲自己与孩子的感受　/122

空虚人生的代价：孩子要为妈妈的人生负责　/126

为了孩子承受辛苦与委屈　/128

习惯得到孩子的支持与回应　/129

学会重新建立自己的人生　/129

"消失"的另一半，造就强势的妈妈　/131

为了保护家庭与自己变得严厉、挑剔　/132

用掌控破除匮乏感与不安　/133

纠结的母女关系　/135

妈妈形塑女儿的自我　/135

妈妈成为"被压迫的典范"　/136

女儿成为"情绪配偶"　/137

用孝顺的规矩要求女儿　/138

和女儿成为竞争对手　/139

第六章 "应该"的关系

复制母亲的方式对待另一半 /145

受制于他人目光的男人：忽略妻子的感受与需求 /149
不被允许表达脆弱，可能无法拥有美好的亲密关系 /149
男人婚后仍是"儿子"：冲突再现 /152
丈夫成为压迫妻子的代表 /156

父女关系：权威情结的养成 /158
女儿的第一个权威 /159
父亲的女儿：想达到父亲的期望，又反抗父亲的标准 /160
被索取亲密关系的女儿 /162

第七章 对"应该"说不：做自由绽放的女子

觉知：丢掉你的"裹脚布" /169

女性的价值不取决于婚姻 /170

列出捆绑你的"应该"与"一定要" /172

列出家庭传达给你的价值观 /174

列出周围的人对你的角色期待 /177

面对你的罪恶感，列出你的负面信条 /178

找回自己 /185

独处——练习和自己相处 /185

理解、接纳你的各个面向与情绪，做自己的理想父母 /189

倾听内心真正的声音，建立自己的标准 /190

学着照顾、取悦自己 /192

学会安抚习惯性的罪恶感，建立界限 /193

展示真实的自己，与他人培养平等关系 /195

练习表达自己，发展真实的自我 /195

同理自我与他人，并设立情绪界限 /196

保持自我：经济、心理独立 /202

写于最后 鼓起勇气，对"应该"说不 /205

自
序

他们都在说"应该"，但我只想要"尊重与爱"

从《情绪勒索：那些在伴侣、亲子、职场间，最让人窒息的相处》到《关系黑洞》，我的工作、人际关系、健康与自我都出现了很大的变动，给我带来了许多挑战。

一方面，2017 年我的工作量暴增，我又很不会拒绝别人，2018 年初健康检查时，我被查出罹患甲状腺亢进；另一方面，我的第一本书《情绪勒索：那些在伴侣、亲子、职场间，最让人窒息的相处》颇受瞩目，使我莫名多了些名气，当然也遭受了许多攻击。一些人认为自己被"情绪勒索"冒犯，带着满腔愤怒给我写信或者留言。

我原本就是一个很容易陷入自责与自我怀疑的人，在各方

压力下,我感觉自己的心理与身体健康状况并不好。因此在
2018 年,我强制自己慢下来,减少一半以上的工作量,尽量专
心于咨询工作以及专业训练。在这一年里,我发现,自己内心
"感觉自己不够好,配不上这一切"的怀疑,与他人的"你凭什
么可以得到这些成就"的攻击,不停地在我耳边回响:

"你写这些东西有用吗?"

"有很多比你有才华、资深的心理咨询师或精神科医生。你
能写的,他们都能写。说不定他们写的文字基于更深的理论基
础,对读者来说更有用,你凭什么获得现在的成就?"

"你只不过是凭一本书红了的家伙,运气很好,搭上风潮
而已。"

……

这些巨大的自我怀疑声笼罩着我,让我很羞愧,觉得自己
很糟糕,配不上这些成就……

我开始怀疑自己,然后,我就什么都写不出来了。

原本我就是个有强烈的"冒牌者综合征"的人,我面对的
压力、变动、不安、害怕、恐惧与攻击,"喂养"了我内心的自
我怀疑,让它变得更强烈。

成就,没有成为我的福祉,却成为我某方面的束缚。

幸好,在面对自我怀疑与不安全感方面,我也算老手了。
同时,很感谢我的前辈、朋友、工作伙伴与家人给我无条件的
信任与支持。

后来,我继续减少我的工作量,特别是对外曝光的时间,

将时间尽量放在我喜欢的事情，也就是咨询工作上。我也开始
参加一些专业训练团体，开始多花一点时间阅读自己喜欢的文
字，让自己被掏空的身心得到平静与滋养。当然，去乐团练习，
吼吼叫叫，与乐团成员讲些无用的话于我而言也是必须的。

当身心与自我慢慢稳定下来之后，我在持续的实务工作中
发觉：

许多女性一开始和我谈的是自己的情绪、亲子关系或伴侣
关系，但深谈后，我发现她们的问题背后，往往是约定俗成的
传统对女性的束缚与歧视。此外，许多女性有相同的困扰，甚
至有类似的个性——很容易察觉别人的感受，常会自省、自责；
很需要让别人觉得自己有用，却又不相信自己足够好。

大家被"女生应该怎么样"或者"妻子、妈妈应该怎么样"
等"应该"束缚着。在家庭、职场中，她们因为身为女性，而
容易遭受不公平的对待。她们想挣脱这些"应该"，却又因为无
法忽略别人的眼光与看法，无法挣脱那些从小就形成的、存在
于内心的自我规训，而自我怀疑。

其实我也遭遇过这些，或者可以说，我也正在遭遇这些。

我的经历与观察，让我忍不住想：一些性格特质究竟是"女
性本身的特质"，还是女性从小时候起被社会环境、传统认知训
练出来的呢？

我遇到太多有这些特质的女性，于是，就有了这本书。

《对"应该"说不——做自由绽放的女子》所讨论的，并不
是"女性是辛苦的"，或者"男性是既得利益者"，而是在观念

束缚、心理控制下，我们是怎样把扭曲的"应该"一代又一代地传下去，成为"集体创伤"的。有时候，受伤的人熬过一段时间，成为有权力要求别人的人时，会因为自己伤得太深，继续维护这样的创伤传统，"否则，我过往受的伤，到底算什么"。

当然，在这样的"应该"下，受苦的不只是女性，还有男性。女性总得是某个样子，而男性也得是某个样子，两边都可能受伤。他们需要彼此，有时却仇视彼此。男性化为压迫者、强者，而女性化为满足男性自尊的对象、弱者。两边都不满这样的刻板印象，都觉得愤怒，但面对社会上的压力，却又不得不下意识地维护这样的文化习惯。于是，男儿有泪不轻弹，获得成就大于一切；女性能力太强就会变成"女强人"，回归家庭才是女性应该做的。

在一张巨大的监视网中，无法逃脱的"应该"，让人们只能忘记自己原本的样子，也忘记自己想要什么，戴着面具、带着"偶像包袱"不停前进。

正因如此，我们发现，很多人即使得到的外在成就、物质再多，内心都是空的；用假的自己面对、建立再多的人际关系，也会觉得这些关系都是假的。很多时候，我们不相信别人爱真正的自己。即使留住了一段又一段关系，我们也认为：自己或许是用"应该"或"责任"让对方留在自己身边的，对方并非真的愿意为了自己待在这里。

当关系中充满了"应该"与责任、勉强与害怕，最重要的"爱"就没有可以存在的空间了。这是哀伤的。

与写第一本书的目的相同，我仍期望，这本书能够唤起我们的一点改变，让我们觉察那些习以为常、理所当然的"应该"并不是真的"应该"；让我们重新思考，那些"应该"带给我们的真正意义是什么；让我们正视自己真实的感受，还有想成为的自己。

只有从你我开始，从一点改变开始，不再把"应该"当成理所当然，让自己更尊重自己，用不妨害他人的"我想要"去选择、去表达，我们才能学会尊重别人；才能学会不再用那些"应该"与刻板印象钳制他人的自由意志，或带着自己想要隐藏的创伤，要求别人有和我们一样的经历，做会让自己受伤的事。这样，我们才不会扭曲地带着被别人歧视、压迫、不平等对待的伤口，转头歧视、压迫比我们弱势的人，借着那些歧视别人的语言、贬低别人的文字，感觉自己稍微高人一等，来获得一点心理平衡，获得一点安慰。

摆脱用"应该"监督自己、监督别人之后，我们的同理心和爱人的能力才有存在和发展的空间，才可以好好地被保有、被珍惜，它们是我们生而为人最珍贵的礼物。

若从我们开始，对用"应该"约束自己和他人这样一个代代相传、约定俗成的传统习惯有所觉察，勇敢地做出不同的选择，让自己、他人都能被支持，坦然地摆脱束缚，不再服膺"应该""理所当然"等，让这些力量一点一点地积累，我们的传统认知或许就能有所松动，社会环境也许就能更"多元包容"。

你愿意和我携手，为我们的现在，甚至我们的下一代，营造出一个更能尊重、接纳真实自我，包含更多爱的世界吗？

我衷心地期盼着。

是什么"束缚"了女人的心？

回到家，语昕匆忙放下手里的东西，准备开始做饭。因为过一会儿，丈夫就要回来了。"为什么不在外面买点饭呢？"一想到要做饭，还要洗碗，语昕叹了口气，但同时，她的内心出现另一种声音："结婚了，给丈夫做饭是应该的，这是妻子应尽的责任。"

结婚半年来，语昕几乎不买现成的晚餐。不过，她今天回家较晚，开始做饭没多久，丈夫就到家了。他一开门，就看到了地上散落着几个袋子，那些是语昕刚买回来的日常用品。他忍不住皱眉，说："家里怎么那么乱？你回来得比较早，怎么也不先整理一下？"

从下班起，语昕就忙得团团转。听到这句话，她压抑着的委屈忍不住爆发了："你以为我很闲吗？你回家就只知道休息，跷着二郎腿看电视、玩手机、等着吃饭。我呢？加班到这么晚，还要买一大堆东西，提着大包小包坐地铁赶回家做饭，结果一回来你就责备我。一样都要上班，凭什么这些事情都要我做？"

听完语昕的话，丈夫愤怒地大吼："我又没有让你一定要做饭、买东西。你自己爱做，为什么怪在我身上？你工作做得不爽就辞职，不想做家务就不要做啊！我忙了一整天，好不容易到家想休息一下，还要被当成出气筒，真倒霉。"说完，丈夫转身去洗澡，语昕一个人在厨房里越来越难过，眼泪扑簌簌地直掉……

那些无法摆脱的"偶像包袱"

你是否对上面的场景感到熟悉？

或许有些人会觉得："这个丈夫真的太不体贴了。大家都要工作，凭什么家务都让妻子做？"或许也有人会觉得："是语昕有点问题吧？干吗搞得自己那么辛苦，好像她很命苦一样。她这么做，又不会有人感谢她，反而因为自己的原因把脾气发在别人身上，这不是本末倒置吗？"

可能有些人会提醒故事的主角语昕："所以，你要学会为自己着想，要学会拒绝，学会说'我没办法'，好好对待自己……"

然而，在工作与平日的生活中，我发现许多人并不是不知道"要善待自己，不勉强自己，把自己放在第一位……"一类的道理，他们的困难在于"我都知道，但就是做不到"。

"如果我真的这么做，我担心会有不好的事情发生。"

"如果我真的这么做，我会有罪恶感。"

"如果我真的这么做，我内心会出现责骂自己的声音……"

从事咨询工作以来，我发现许多女性有上述困扰，或者说有"习惯性的罪恶感"。换句话说，她们的心中有"偶像包袱""角色期待"。许多女性被这样的角色期待紧紧束缚，不知道它们从何而来，如何摆脱。这些"期待""包袱"，成为女性的枷锁。

慢慢地，我发现这些期待往往是我们从小到大被父母、社会、媒体灌输的观念，它们是"心理控制"的一环，我将这样的控制称为"缠足"①。

为什么我们愿意接受这些不公平？

什么是"心理控制（psychological control）"？在讨论父母对孩子的教养行为时，心理控制被认为可能影响孩子的自主发展。在父母的心理控制下，许多孩子可能会内化父母的"提醒"

_____

① "缠足"作为一种束缚女性的象征与原型模式，最早是由荣格分析师马思恩提出的。其著作中提到的"缠足"这种"原型模式"对不少中国女性仍有深远的心理影响。书中还探讨了中国神话与缠足史的渊源。对"缠足"这个原型概念有兴趣的读者，可参考马思恩的著作《缠足幽灵——从荣格心理分析看女性的自性追寻》。

与"责备",限制自己的发展,甚至伤害自我感受、损害自我价值、破坏自己对自己的看法等。

但就我的观察而言,心理控制并非仅仅来自父母,还来自社会、环境给人施加的压力,许多父母被某些传统观念"绑架""洗脑",无力也不敢挣脱。

即使这些观念对我们并不公平,甚至会伤害我们,我们依然下意识地接受它们。我们害怕它们的巨大力量,因为"大家都这么做",都服膺它们构成的框架而生活。它们是约定俗成的,要突破它们构成的框架、带来的压力,并不是那么简单的事情。

这些框架常常在我们不知不觉中,影响、捆绑我们。如果我们没有发现,而倾向于把一些问题个人化,怪在自己或者他人身上,我们自己或者他人可能就会怀疑自我价值,觉得"是我不够努力",彼此之间的关系也可能受到损害。这会让人有很深的无力感,因而更无力改善有问题之处。

因此,在这本书中,我想与大家讨论的就是"缠足"现象,也就是:

哪些传统观念,使得我们无法挣脱影响我们的情绪、行为与决定?

为什么我们身边有很多人愿意服膺这些"缠足"现象,能让这些传统观念代代相传,让大家"互相监督"?

第一章

"应该"的女人

苦命女人

阿琴坐在椅子上，絮絮叨叨地诉说着她一直以来的委屈。

"你知道我丈夫有多过分吗？两个孩子平时几乎都由我带，他每天都说工作忙，我从早到晚都见不到他的人影。他假期陪孩子玩一会儿，拿点儿钱回家，好像就尽到父亲的责任了。他有工作，我也有工作啊！我每天急急忙忙下班接孩子，回家给孩子和婆婆做饭。他一回家，就跷着二郎腿，一点家务都不做，还说他们家男人是不做家务的。婆婆一天到晚都在挑剔我哪里做得不好，如果我跟丈夫抱怨，他就索性很晚回家，婆婆还会冷言冷语地说，就是因为我不够贤惠，丈夫才都不回家……丈夫不管孩子，只好我管。婆婆只会宠着孩子，阻止我管他们。几天前，孩子又不写作业，一直玩。我真的受不了了，就骂了他们一顿，结果孩子居然说我很凶，奶奶就不会这样。我听后就崩溃了。为什么我为这个家牺牲、付出了一切，却没有得到任何人的感激，换来的反而是抱怨、嫌弃。为什么我的命这么苦……"

大家可能对阿琴的故事感到熟悉，这样的"苦命女人"并不少。

在电视剧中，我们时常看到这样的女主角：

她可能是女儿、儿媳妇、妻子、妈妈，吃尽苦头、受尽委屈，为身边的人奉献一切，却仍然被抹黑、被欺负。但她不生气，也没有放弃，依旧努力地生活，照顾其他人。

看剧的人都觉得她笨，都对"坏人"恨得牙痒痒。三百集后，坏人"终于得到报应"，这个苦命的"好人"终于有机会过上幸福、快乐的日子。

但是，"苦命女人一直忍受各种委屈，最后苦尽甘来"这样的结局，在现实生活中，是否真的会出现呢？

实际上，我们身边的苦命女人，可能不像电视剧、电影中演的那样，有机会"平反"，所受的委屈能被看见。她们的委屈很多时候是没人知道和看到的。于是，她们絮絮叨叨，在有人能听、她们能说的时候，把委屈一点一滴地说出来。

只是不知为何，她们的诉说变成了抱怨。

当无人看见她们忍受的委屈，她们自认为被不公平地对待却不能像影视剧中演的那样得到一个"幸福、快乐的结局"时，她们在现实生活中就会成为很委屈、爱抱怨的人。

从事咨询工作后，我发现，很多成年女性的特质都非常相似。她们可能原本受不了自己原生家庭中苦命女人的抱怨，所以逃了出来。但不知为何，自己后来也成了苦命女人。

这让我重新思考：这种重复的循环真是个人化的吗？是否有一种心理情结，让苦命女人的形象产生，并世世代代承袭，让她们的故事不停地出现在我们的生活中？针对女性的"缠足"是否在她们的无意识中束缚她们的生活，使她们无法抵抗，却又痛苦不堪，只能用抱怨来让自己好过些？

而苦命女人究竟经历了什么？又有怎样的特质呢？

忍得了委屈，期待苦尽甘来

阿玉每天早出晚归，不停地工作着。丈夫染上赌瘾，似乎就注定了阿玉的命运是悲惨的。

逢赌必输又不甘心的丈夫，将工作收入都奉献给了赌博。没钱的时候，他还会跑回来跟阿玉要，把阿玉娘家给她的嫁妆都挥霍光了。

刚生完孩子的阿玉万不得已，只能将不足月的孩子和两岁大的女儿托付给婆家，自己到工厂做日结女工。工作了一整天，阿玉终于拿到了薪水，正为孩子的奶粉钱有着落而开心时，丈夫居然趁她不注意，把钱偷偷拿去赌博。想想就知道，他又输了。

于是，阿玉每天不停地重复这个让她痛苦的循环：赚钱——拿薪水——将钱偷偷藏起来——大部分钱被丈夫拿走。为了这个家，阿玉辛苦工作，回家就照顾两个孩子，只盼望有一天，丈夫能够良心发现。

阿玉把自己对未来的寄托都放在一双儿女身上，希望有一天，他们长大成人后，女儿可以嫁个好人家，儿子能够出人头地。这样，她就尽到了自己的责任，后半辈子也有了依靠。

在许多电影、电视剧，甚至日常生活中，"女人典范"，也就是某种传统女人的形象不断地出现在我们的视线中：她们打不还手，骂不还口；受得了委屈，忍得了苦；努力奉献、牺牲自己的一切，只求顾全大局，顾全每个人的需求，并期待苦尽甘来的一天。

她们可能一直被欺凌、被压迫，却总默默忍受不当的对待，继续将"吃苦当作吃补"。

她们身边的"坏人"总是过得很快活，恣意用她们来满足自己的需求……

那些快乐的结局对于这些女人而言，只存在于童话故事中。

不能"生气"

在研究生时期的"情绪心理学"课堂上，老师与我们讨论"情绪"时，分享了一个现象观察——情绪其实也有性别差异。

社会能让男性展现的情绪似乎多半是"愤怒"。因为"愤怒"

是有力量的，不会看起来很脆弱，符合社会对男性要坚强、有力量的期待。

当然，男性不展现情绪也可以。"男儿有泪不轻弹"，男性似乎不被允许有脆弱的空间。

一个总是哭哭啼啼的男人，不会让人感觉可信赖；但一个硬汉若因为被欺负而"愤怒"，起身有力地反抗，最后红着眼眶稍稍表现一点"铁汉柔情"，就很可能会引发大家的认同，甚至触动大家内心深处的温柔。

社会对女性的期待多半是"温柔体贴""察觉他人的需求""照顾他人"。很多人不希望女性"凶悍、有力量"，但允许女人表现出脆弱。"哭得梨花带雨""难过"是女性被允许表达的情绪，但"愤怒""生气"不是。女人生气就是"河东狮吼""泼妇骂街"，这样的女人就是"悍妇"。

一个女性受了极大委屈，例如遭受暴力、性骚扰，甚至性侵，成为受害者，如果勇敢地起身表达自己的愤怒，维护自己的权益，那么她就并未扮演好传统的哭哭啼啼又害怕的"受害者形象"。因此，这种能够出来维护、争取自己权益的女性，反而很容易被抹黑、被声讨，一些人甚至会说"她应该也有问题……"。

女性生气是不被鼓励的，甚至会被责骂、贴标签。

因此，在这样的社会环境中，女性慢慢习惯拼命忍耐，忽略自己的感受与需求。即使觉得委屈、痛苦，她们也仍然忍耐着，做着"应该"要做的事——当个好妻子、好儿媳。

身为女性，她们似乎就"应该"为家庭、为孩子付出一切，习惯这样的压迫，她们的感受好像就"应该"被忽略，因为大家都是这样过来的。她们不能生气，不能为自己争取权益，不能说"我不要"，不然别人就会对做妈妈、儿媳妇、女儿、妻子的人说"你没有尽到女人的责任"。

在传统观念下，很多女性显然没有其他选择，只能心怀很多委屈，继续忍耐、顺服。

在这样的压迫下，会发生什么事？

在压迫中没有选择，只能认命

当女性顺服这样的压迫时，她们会逐渐被麻痹。对于自己所吃的苦，她们也只能用"这是应该的""大家都是这样的"来说服自己。她们会用许多理由与社会规范让自己受的苦合理化。因为唯有这样，她们才能继续在这样的压迫中活下去。

为了适应环境，这些吸收了"应该委屈自己、牺牲自己"等观念的女性被成功洗脑。在不停被贬低、被牺牲或自我价值低落的状态下，她们若想被认同，就唯有认命——接受命运就是如此，不要企图做任何反抗。

认命是环境施加给女性的一个非常重要的观念。当遇到压迫、被不当对待或承受各种委屈时，社会并不鼓励女性起而抗争、拒绝不公平的对待，也不要求男性尊重女性，而会使用"认命"这个概念，逼迫女性接受这样的对待。

"这就是你的命"，在这种贬低女性价值、压迫女性，却要求女性认命，提倡"吃苦当作吃补""这些就是女人该做的"的思想框架里，女性逐渐成为一个个顺服、认命的模范，愿意乖乖听话，服从压迫性的规则，放弃自己的感觉、需求，甚至价值。然而，感觉、需求与被压迫的创伤可以被放弃，但它们不会消失。它们会化成冤、化成怨，存在于这些女性的心里。

最后，这些冤与怨跑到哪里去了？要怎么被消化？

从被压迫者转为压迫者：媳妇熬成婆

若要让作为被压迫者的女性乖乖认命，让她们感觉好一点，唯有让她们有宣泄冤与怨的通道，给她们一个如金苹果、红萝卜一般的"美丽的报偿"，让她们可以有所期待，感到自己的委屈有发泄的出口。这个报偿就是让她们认同这种压迫，并告诉她们："只要等你从儿媳妇熬成婆婆，你就再也不是'食物链'最底层的，就变成了可以压迫其他人的'好命人'。到那时，你的经典名句就是'我以前那么苦，都忍过来了，你受点苦，算什么'。你可以用过去别人要求你、让你受委屈的方式，让那个在权力位阶底层的苦命女人按照你的要求做事，因为'这就是女人的命''我们以前也是这样过来的'。"

看到另一个女人痛苦，为了她们而牺牲、放弃感受与需求，似乎能安抚她们内心的空洞，她们过去受的痛苦与委屈也会暂时得到补偿。

于是，苦命女人被复制，一些被压迫者成为压迫者，继续强化、支持这样的压迫现象。

以 "过来人" 身份教你如何
"取悦" 男性与社会

"缠足"，也就是所谓的将脚裹成 "三寸金莲"，是历史上存在过的一种传统习俗。在封建社会缠足盛行时期，人们把女性脚的大小看成评断女性家世、教养、社会地位，乃至是否有性吸引力的标准之一。

"看脚不看面" "小脚是娘，大脚是婢" "幼秀跤，好命底（意为小脚的人命比较好）" 等俗语，说明了当时缠足对女性嫁入好人家的重要性。

当时，缠足多半由母亲执行。从女儿五六岁起，母亲就会将女儿的脚用布紧紧缠住，女儿必须要忍耐极大的痛楚，母亲却告诉女儿 "我是为你好"。好像母亲为了女儿的将来着想，就可以无视女儿的痛苦感受。她们尽力把女儿的脚缠得越小越好，因为在她们的观念中，脚缠得越小，就代表女儿未来的命运会越好。从缠足时起，女儿就几乎失去了自由走、跳的行动能力，只能缓缓而行、被人搀扶着走或拄着拐杖走。

看完以上的这几段描述，你是否觉得熟悉且毛骨悚然？

现代社会，虽然缠足的习俗已经消失，但对女性缠足似的心理控制依旧存在，且许多时候，仍然是由母亲传承这样的"缠足"经验。

斐斐是一个十分大刺刺的女孩，她时常因此受到责备。斐斐的妈妈认为女生应该"坐有坐相，站有站相""行止得宜，大方端庄"，否则"以后就会吃到苦头"。妈妈允许斐斐的弟弟席地而坐，吃饭又快又猛，但斐斐一旦坐姿稍微歪斜，笑的声音大点，吃东西稍微快一点，妈妈就会皱起眉头，说："女孩要温柔，动作不要那么大。这么没教养，以后谁敢娶你？"

每次听到妈妈这么说，斐斐就觉得压力很大，生气又委屈。

"凭什么弟弟可以这样，我就不能这样。身为女生就要倒霉一些吗？""为什么我要为了能够嫁出去而努力？"这些话一直在斐斐的心中打转。但斐斐还是不自觉地被妈妈话语中的标准影响，开始认为"女孩似乎就应该这样"。

即使妈妈不在她旁边，她说话的声音稍大，或是动作做得太大等，也会忍不住自责："我的动作是不是太粗鲁了？""我这样做，别人会不会觉得我很没教养？"……妈妈传承下来的那些"女性教条"深深影响着斐斐，甚至让她感到自卑，觉得自己是个"不够好、不够女性化的女孩"。

或许许多女性都有过斐斐的经历，从小被母亲耳提面命："女生可以做什么，不能做什么""否则你长大以后，没人要你"……这些语言，可以说是"过来人"的经验，或许来自她们的母亲，或许来自她们的社会经历。她们发现，女性在社会中获得一席之地、生存下去的方式是被他人认同，成为大众、男性期待中的女性。

于是，许多母亲就像训练有素的"女性生活教练"一般，将过去环境、男性、她们的母亲对她们的教导，在日常生活中继续传承给她们的女儿，有形或无形地控制女儿的心理与行为。她们深信，自己给女儿的提醒与限制，都是为了让女儿被社会认同，找到好的对象，并因此获取较高的社会地位，迎来美好的未来。

"不要以为我只是想唠叨你，我是为你好的。"

这种象征性的"缠足"靠着很多母亲，以及女性在不同阶段接受的训练，一代一代地传承下来，成为勒紧女性脚步的"裹脚布"，让她们成为被男性、被社会接受的"好女孩"。

那么，她们被塑造、捆绑成"好女孩"的过程是什么样的？

第二章

"应该"的传承

听话温顺、善解人意、压抑表现的，才是好女孩

我从小就是个不服输的孩子，对各种事物都非常好奇，很喜欢问问题，一些大人说我很爱挑战权威。小学时，我曾因为发现老师教的内容有错误，硬是把两大本厚厚的字典带到学校，想跟老师说："老师教错了，同学们就都会学到错的知识。"我也曾因为男同学捉弄我、打我，硬要追上他，想要打回来。

老师对我的举止很不满意，打电话给我的妈妈，说："你的女儿不听话，不够尊重老师，行为举止太粗鲁……"因此，虽然我在小学阶段成绩不错，也在比赛中屡屡获奖，但老师依然特别不喜欢我，常对我耳提面命："你的动作太粗鲁了！""你的意见太多，问题太多了！""你表现得好，但要谦虚。你太容易表现得开心了，太张扬了。骄者必败！"。

后来，连我的妈妈都会经常提醒我："低调一点，上课时不要一直问问题，要听话、要乖，不要违逆老师的话……"

对于老师和妈妈的要求，我其实是很困惑的。

一方面，老师期待我表现得优秀，能代表学校参赛，获得奖项，名次越靠前越好；但另一方面，老师时常用贬低、怀疑的话语评价我的优秀表现，不停地提醒我："你要小心，'少年得志大不幸'。""你不要以为自己很聪明。卖弄小聪明，对你没好处。""表现得越好，越不能骄傲。你要有同理心，要常常帮助同学。"老师甚至对我说："女孩这么厉害，又爱表现，以后很难找到好老公。"

与对待我的方式不同，老师对当时班上一位成绩很好、害羞少言、个性温柔的女同学极为赞扬，认为"好学生就应该是这样的"，常常告诉我要多向她学习。

事实上，老师对男孩和女孩的评价标准也有很大不同。某位表现优秀的男同学可能会张扬地说："对呀，我超强的。哈哈。"或者拿到好成绩时神采飞扬，老师会说他有自信、知道自己的长处、很有领导才能。即使我平日里表现得比他好，而且行为比他收敛，老师对他各个方面的评价也都比对我的好，他的表现也更容易被接受。即使他在课堂上发表意见，甚至顶撞老师，老师也很容易将他的行为解释成："男孩子就是这样的。他是无心的。"

我一直百思不得其解，当时我的表现和我日后能不能找到好老公有什么关联？为什么身边的人好像都在提醒我"如果你很优秀，就要低调；否则你就会对这个世界、对周围的人造成威胁"？

而我的那位男同学，似乎没有这样的困扰。他不一定要体恤别人，也不需要低调，只要能更优秀，他再怎么骄傲，好像都是可以被原谅、被合理化、被接受的。

后来我发现，我们所处的环境时常有意无意地传达出一些观念——女孩得练习收敛自己的行为，顺从、听话，服从权威，忍耐、忍让。

在顺从中，女孩要忽略自己真正的想法与感受，不能随便表达，否则可能会招来批评，甚至被贴上各种标签，例如"意见很多""男人婆"等。在一些人的观念里，女孩最好既优秀，又谦虚为怀，将荣耀归功于身边的人，符合每个人的期待。

许多心理学理论提到，成长的过程可以说是我们独立自主、找寻自我的过程。但我发现，许多女孩在成长的过程中思考的不是"我是谁"，找寻的不是"自我的样貌"，她们思考的是"我该如何才能讨人喜欢"，找寻的是"讨人喜欢"的方法与技巧。她们就在这样的过程中学会顺从与讨好他人，甚至整个社会。

一些女孩下意识地学着温柔体贴、善解人意而不具有攻击性的说话方式，听弦外之音、察言观色，甚至撒娇。这往往是她们获得社会与他人肯定的方式，也是她们能够在社会上生存，占有一席之地的生存法则之一。

重男轻女：削弱女性的自我价值

"女孩以后就是要嫁出去的，读那么多书有什么用？"从小，萍玥就常听父母说这样的话。

父母忙着自己的事业，因此他们都希望身为家中老大的萍玥能够帮忙做家务、照顾弟弟。

"你是老大，照顾弟弟是理所当然的。"虽然萍玥的学习成绩很好，但父母不太会称赞萍玥。萍玥的弟弟虽然成绩平平，但只要他有较好的表现，妈妈就会称赞他，还会将他想要的东西奖励给他。

"女孩不用太会读书，不然以后老公会感觉到威胁。好好学做家务、照顾家里，就是最重要的事情。"这是父母给萍玥灌输的观念。他们甚至觉得"养女儿就是在帮别人养老婆、养儿媳妇"，儿子才是家中最重要的"继承者"，因此他们几乎将家中所有的资源、关爱都给了萍玥的弟弟。

萍玥非常努力，却无法得到父母的肯定与支持。她逐渐知道，自己和弟弟、其他人不一样。她觉得自己能考上大学运气很好，但不能让父母感觉她上大学是个负担。因此，当弟弟在家里打游戏时，她努力打工，拿奖学金。大学四年，萍玥努力半工半读，几乎没有用过家里的钱。

即便如此，表现优秀的她仍会受妈妈冷嘲热讽。妈妈觉得萍玥"太过幸运"，"想读书就读书，我们以前哪有这么好的命"。

萍玥本科毕业后，决定继续读研究生，但遭到了父母尤其是妈妈的极力反对。

"我们以前读完高中就要偷着笑了，都让你读完大学了，还不赶快去赚钱供你弟弟读书，或者找个有钱人嫁了。你居然只想着自己，怎么这么自私自利？"

萍玥还听到妈妈私下与其他亲戚说："'猪不肥，肥到狗'①，也不知道照顾弟弟，就只顾着自己。女孩这么会读书有什么用，到时候还不是要嫁人？"听了妈妈的话，萍玥很伤心。

"对父母而言，我只是一个用来供养弟弟与家庭的'有用的工具'而已吗？连我的婚姻都要成为对家里有帮助的筹码吗？

"父母到底爱不爱我？为什么他们从不在乎我，只在乎弟弟？难道，身为女孩就低一等吗？"

在霈霈小的时候，妈妈曾经对她说："你哥哥刚出生时身体

---

① 这句话形容父母望子成龙，但当女儿表现得很好，儿子还远不如女儿表现得好时，父母会因而忍不住感叹："唉，肥到狗有什么用。"

不好，爷爷奶奶都很担心他。你爸是爷爷奶奶唯一的儿子，所以他们一直想让我再生一个男孩，所以，我生了你和你妹妹，但你们两个都是女孩。不过，还好你哥哥后来身体好了起来，变得比较健壮……"

第一次听到妈妈这么说时，霈霈很震惊："所以，我和妹妹都是多余的孩子？"

对霈霈而言，这件事是她心中一道深深的伤痕。

童年的时候，霈霈知道妈妈和爷爷奶奶都非常疼爱哥哥。哥哥有新衣服、玩具，想要什么就有什么。而她和妹妹，如果提出想买什么，就要承受嫌弃的眼光。爸爸很少在家，在家的时候，多半也只照看哥哥，很少照看她们姐妹俩。

看着大人对待哥哥和她们的不同态度，看着哥哥被宠得像家中的小霸王一样任性又不负责任，霈霈对自己的要求更加严格："我绝对不能像哥哥一样。"

因为从小"爹不疼，娘不爱"，霈霈和妹妹知道她们无法依靠他人，只能靠自己。两人非常努力，靠着半工半读上学。妹妹读完公费的师范学院后，当了老师；原本住在老家的霈霈，则在五年一贯制专科学校毕业后离开家，与朋友合伙做小生意，现在已经是两家店的老板了。

而从小被家长捧在手心的哥哥，高职只读了一半就辍学了，说要拿家里的钱去做生意，结果赔了好几次，做投资也一次都没成功，最后赋闲在家，靠家里养着。

原本霈霈家算是富裕的，爷爷奶奶给家人留下了许多遗产，但在爸爸与哥哥做生意失败几次后，家产所剩无几。

妈妈总认为霈霈带坏了妹妹，因为姐妹俩都没有留在家里照顾二老和哥哥。她们都经济无虞，妈妈认为她们应该拿出钱来扶持哥哥。

面对妈妈的责备与要求，不堪其扰的妹妹早就不与妈妈联系，组建了自己的家庭。霈霈还会拿钱给妈妈，贴补家用。于是，妈妈时常要求霈霈帮助哥哥："你只给家里一点钱有什么用？你和你妹妹怎么都那么自私，只顾自己？你们能生活得那么好，还不是因为我们把你们生得好。你们为什么都不想着回报我们，帮助辛苦的哥哥？"听了妈妈的话，霈霈又难过又痛苦。

她非常清楚，自己和妹妹能过得还不错，正是因为家人不可依靠、哥哥不争气。但面对妈妈的责备，霈霈又觉得自己好像做错了什么事，似乎现在拥有资源的自己如果不给予哥哥些什么，就是自私的、不顾家的、不孝顺的……

其实霈霈很清楚，哥哥被家里宠坏了，他的欲望就像无底洞一般。若自己按照妈妈说的那样扶持哥哥，那么自己现在这一点小小的成就可能都会赔进去……

即使知道不可以答应妈妈的要求，但每次与妈妈见过面，回到家后，妈妈的声音依然会回荡在霈霈耳边。在妈妈的心里，她和妹妹的成就是家人的牺牲换来的，她们没有将自己的资源分给哥哥，是一件非常可恶的事。明知道这不是事实，霈霈仍无法忍受心中的罪恶感。最后，她借了哥哥一笔钱。她知道这笔钱一定有借无还，但她安慰自己："至少我的耳朵可以获得暂时的安宁。"

不久后，哥哥做生意再一次失败，妈妈又跟霈霈开口了。

霈霈忍不住想："难道我这一辈子都要把自己努力的成果奉献给哥哥吗？为什么妈妈从不替我着想呢？"

一些人重男轻女，是因为他们认为男性才能传宗接代、奉养父母，而"嫁出去的女儿，如同泼出去的水"。

"猪不肥，肥到狗"这句话就是重男轻女价值观的生动体现。

即使到了讲求性别平等、男女平权，生男生女一样好的现在，重男轻女的思想仍然隐微地影响着许多家庭中女性的地位。

我是奶奶家出生的第一个孙子辈的孩子。奶奶生了四个儿子，非常期盼家里能有个女孩。我出生后，爷爷奶奶和叔叔们非常疼爱我。爷爷奶奶也没有让我妈妈再生一个的想法，他们向外人介绍我时，就说我是家里的"长孙女"。

等我长大一点，与别人分享我是台南人，我爸爸是长子，我是独生女时，他们都非常惊讶。有人曾对我说："我也是台南人。你奶奶很特别，大多数老人都很希望长子有儿子，第一个出生的孙子辈的孩子是男孩，是长孙。没有人用'长孙女'这种说法……"

我很惊讶，这和我从小到大听到的不同。

听过好几个人讲述这样的"传统"之后，我才知道："原来，很多人都是这样想的。"我童年时期在爷爷奶奶家多么幸运。

后来，我离开台南，去外地读书。当我取得好成绩时，身边的某些长辈就会冷言冷语："会读书有什么用，到时候还不是要嫁人。那么会读书，以后要附上多丰厚的嫁妆，才能嫁出去……"

我原以为重男轻女的观念已经消失，后来才发现，仍有许多女性生活在有这样观念的家庭中，她们中的一些甚至比我还小。她们的父母让女儿做家务，但不会让儿子做；认为男孩多读点书是应该的，女孩不需要读太多书，以免以后找不到对象；鼓励儿子追求梦想，但希望女儿做一份稳定的工作，好好找个结婚对象；觉得儿子多用一点家里的资源没关系，但女儿多使用了家里的资源，就会说一些"酸言酸语"，因为女儿总是要嫁人的……甚至，若他们生病，而女儿未婚，照顾父母的责任就可能全部落在女儿身上。

这样的父母希望女儿既能好好工作，也能够照顾他们，或希望女儿放弃自己的工作与梦想，找一份可以顾家、照顾他们的工作。

如上所述，重男轻女的观念中其实包含了几个重点：

◆ 女性不应该使用太多资源成就自己，不然就是"自私"的。

◆ 女性应该牺牲自己，成全别人，顾全大局。

◆ 女性天生就没有男性有价值。

◆ 女性应该没有男性有能力。

自我牺牲理所当然

"牺牲自己"几乎是建立在女性生活的基本程序中的，似乎是女性需要掌握的基本技能之一。因为是基本技能，所以它不会被颂扬、被放大。

许多好莱坞电影、热血动漫喜欢传播"英雄传说"。男主角如英雄一般，为了家人等对他们来说重要的人出生入死，甚至为了大我做出牺牲。这种情节将男主角英雄化，常常赚人热泪，让人感动。

但是在现实世界的一些家庭里，女性做出的牺牲可能更多。

例如，男性去外地工作，留在家里边工作边照顾孩子的是女性；当家人患病时，承担护理工作的也通常是女性。在一些资源有限的家庭里，女性常是放弃读书、出去工作，提供金钱支持弟弟或哥哥发展的人。

为什么女性必须时常扮演牺牲者的角色？

以前，男人几乎总在外奔忙，甚至负责光耀门楣。照顾一家老小，乃至为家中兄弟提供资源的责任，就落到了女人身上。那时的很多人认为，如果女人也做自己想做的事情，没有人"为家牺牲"，男人就可能无法没有后顾之忧地完成自己的梦想。

就过往的社会来说，先成家再立业，的确是有道理的。男人成了家，就有了帮他们照顾家庭的人，就可以放心地立业。于是，女人的牺牲成为维持当时社会发展的关键要素。而女人若觉得受了委屈，或者表现出委屈的样子就可能会使他人产生

"罪恶感",这是父权体制家庭无法消化的。为了消除这样的罪恶感,许多男人会将其转化成愤怒,责怪女人感到委屈。

为了顾全大局、支持男人、维系家庭,有些女人习惯性地把委屈吞下,甚至成为"共犯",转而指责其他表现出委屈的女人不认命、不能"顾全大局"。

女人的委屈不被允许随意表现出来,否则她就不是识大体的好妻子、好儿媳妇、好女儿。或许,正是因为女性做出的牺牲太过理所当然,甚至十分常见,才不会被"歌功颂德"。

"女性善于照顾人""家务应该是女性做的""取得成就、立业、光耀门楣是男性的事情""女儿都是要嫁人的,不应该分家中的资源""女性应该牺牲自己,照顾家庭"……这些重男轻女的歧视如今或许已经转换成了另外的形式,不如从前直白,不再能显而易见地被认同、被辨识,却在看似性别平等的今日依然潜藏在我们的生活中,甚至承受过重男轻女观念伤害的奶奶、母亲会下意识地认同、吸收它们,而后以此要求自己的女儿,让它们成为代代相传的创伤,成为一种深植于女性心中的暗示与罪恶感,成为女性"自我意识低落"的重要因素之一。她们很可能因此认为:"我的能力比不上男性,也不该比男性的能力强;我不应该出头,事情应该让男性决定;我总是低男性一截;如果我表现得太好,而家里的哥哥、弟弟表现得太差,就代表我侵占了他们的资源……"

这种因为自我能力太强而产生的罪恶感,以及因为不符合某些期待而产生的压力会悄无声息地限制女性的能力表现,钳制女性的发展。

指出这些重男轻女的观念，并不代表男性在社会期待中不辛苦，而是为了说明受这样的"缠足"观念捆绑时，我们都要被迫扮演社会期待的角色，并在其中痛苦不堪。

努力获得别人的肯定

如前所述，一些隐蔽的重男轻女观念会通过言行，被人们无意识或有意识地传达。例如，男孩是被期待的，是可以表现的，是可以极力争取荣耀并为了目标努力前进的；女孩则需要善解人意，重视关系，牺牲自己成全别人。

一些父母对儿子的要求可能非常严格，会要求他表现得很好，学会压抑、控制自己的情绪，要能保护自己，甚至要保护姐姐或妹妹，记住父母说的"你是男生，你要保护女生"。但他们对女儿的要求可能相对宽松。他们的女儿一方面可能与父母的关系比较亲密，但另一方面也可能会怀疑自己的能力。

这类父母潜移默化地传递给孩子的思想，不仅会影响孩子的学习成绩、能力等，也会影响他们对外的关系与态度。

例如，遇到别人的侵犯（霸凌、身体侵犯等）时，很多人都能接受男孩采取"打回去""强硬""对抗""不被别人看扁"的方式。一些电影、网络信息等也在向男孩传达："当你被欺负时，你需要对抗或者打回去，用更大的能力或者更有力的拳头震慑对方，赢回属于自己的权力。"

但是，若女孩遇到同样的状况，父母、其他长辈传达的就可能是"算了""息事宁人""好好跟对方讲，不要起冲突"……这种"争取你的权益，可能会导致不好的后果出现"的畏惧思想就这样植入许多女孩心中。

于是，面对这些思想观念，女孩可能会得到一些结论：

◆ 我是不被期待的。

◆ 我的能力是不足的。

◆ 我是需要被保护的。

◆ 我不应该跟别人起冲突。

◆ 我不可以随便争取自己的权益。

……

这些观念让一些女孩的自我意识越来越弱，自我感觉越来越差，生活空间越来越狭窄……她们的生命力也渐渐被削弱。

自我感觉不好，会影响我们的生存。因此，为了找到一席之地，让自己能够努力地活下去，有些女孩发展了一套面对自己的无力感的"生存策略"，那就是努力获得他人的肯定。

权威情结: "被肯定的需求"与"讲究和谐、顺从的训练"

什么是女性在社会上的"权威情结"呢?

面对权威,习惯以迎合的方式,努力得到对方的肯定,借此得到安全感。

这种以迎合、委屈的方式与他人互动的权威情结,可以说是传统的社会观念和她们与父母、长辈相处的经验融合而成的。女性进入社会后,这些观念在她们心中继续强化,成为"缠足"观念的一部分。

希望通过成功,找到自己在别人眼中的价值

敏茵的爸爸是商人。从小时候起,敏茵对爸爸的印象就是爸爸两三个月回来一趟,一回来就先检查她和弟弟的功课。

爸爸对弟弟的要求十分严格,常常督促弟弟:"你不争气一点,以后怎么继承我的公司?"但弟弟有气喘症状,时常无法去学校,成绩也达不到爸爸的标准;反倒是敏茵很聪明,很努力。爸爸一开始对敏茵的要求较低,但爸爸发现敏茵可以轻松达到要求后,就转而把注意力放到敏茵身上,提高对敏茵的要求。

有一次,敏茵无意间听到爸爸在和妈妈谈话时说:"我看弟弟能一辈子无痛无灾就好了。姐姐的表现倒还可以期待一下。"由于弟弟身体不好,妈妈总把注意力放在弟弟身上。而爸爸原本也只关注弟弟的表现,但后来,敏茵感觉到爸爸比较在意、关心她的表现,会因为她达到标准,而给予她更多的关注与赞美。爸爸给家里打电话,不像以前一样只问弟弟的成绩与身体情况,还会问妈妈最近敏茵的表现如何⋯⋯

这些变化,让年纪尚小的敏茵感觉到:"原来,我只要表现得好,就会得到爸爸的关注。"

于是,敏茵开始自我要求,希望自己达到爸爸的标准,得到爸爸的赞美,让爸爸以自己为傲。

"只有表现得好,我才是有用的人,才能得到别人的关注,才能得到一席之地,我才是有价值的⋯⋯"

这些想法成为敏茵的人生准则,影响了她,让她成了一个为了迎合别人的目光追求成功,将别人的期待变成自己的目标,永远都停不下来的人。

一些女孩在成长过程中会被家人忽视,缺少关爱。为了找寻自己的一席之地，她们只能努力达到权威的期待与要求，以证明自己有用，找到自己的生存价值。

当她们努力达到权威设定的目标时，会得到一些赞美、肯定或者关注的目光。被重视的感觉让这些缺乏被爱的经验、因为被忽视而自我价值较低的女孩体会到安全感，她们会认为"原来我只要按照别人的期待去做并且做到了，就能获得我想要的注意与爱"。于是，她们拼了命地用尽自己的全力，只求得到权威的一声赞美。只有如此，她们才能感觉到自己是存在的、有价值的、被爱的。

她们努力这样做，并得出一个结论："只要我有用，我就会被爱。"换言之，这个结论的反面意义就是："如果我没有用，我就不值得被爱。"

为了安抚、逃避自己觉得"自己不够有价值，不值得活下去"的生存焦虑，为了证明自己有资格活下去，她们完全无视自己的辛苦，努力，再努力，尽全力获得权威或其他人的赞赏。

或许有一天，她们会发现"原来我这一生这么努力，都是为了别人……"

这，难道不是一件极悲伤的事情吗？

照顾好别人后，才可以做自己

面对需要被权威肯定与看见的生存焦虑，做自己是不容易的。

有些女孩一方面因为生存焦虑而不停鞭笞自己；另一方面感受着内心天赋的召唤，希望做些能完成自己梦想、成就自我的事情。但面对社会、家庭的要求和贬斥，这些女孩可能会要求自己一定要先做好什么，才能够做自己。

例如，一些职业女性，如果希望多花一点时间、力气在工作上，就很可能要求自己先照顾好家庭、带好孩子。

女性似乎必须有好的关系、好的家庭才能够自我成就。这与男性面对的状况并不相同。很多男性因为工作而对家庭疏于照顾，甚至长时间出差不回家，却往往是被默许的行为。

为什么有这样的差距？这可能仍与大家对男性与女性的期待差异有关：男性被要求有成就，女性被要求顾家。对大多数男性而言，失业所面临的社会压力可能会大于离婚，因为工作与成就可以说是男性在社会上找到自我价值、自身位置的最重要的方式。

反之，对很多女性而言，离婚要面对的社会压力往往大于失业，因为人们或许不期待女性成为高成就者，却期待女性能够努力维持家庭关系，而这也是父权制在某些家庭中更容易运行的原因之一。

为了追求梦想、自我成就与自我实现，男性似乎可以丢下一切，女性则要在维持家庭关系、照顾家人上付出一定的时间与心力。否则当女性有成就，却没有相对应的看似良好的家庭关系时，就可能会被批评："就是因为她把心力都放在工作上，她的孩子、丈夫才会那样。""就是因为她太厉害了，才没有人敢接近她。"反之，如果同样的情况发生在男性身上，大家就可能会说："黄金单身汉。""他很有成就，他的老婆好幸福，都不用担心生计。"……

提出这样的性别角色差异，并非仅因为觉得女性较辛苦，男性是轻松的，而是期盼这些现象能让大家看到，男女不同角色面对的社会期待与社会压力使得双方都困在自己的"文化枷锁"中。

习惯顺从权威，隐藏愤怒

在竞争激烈的情况下，茴英成功获得了一家知名律师事务所的实习机会。

录取茴英的是一位男律师，他相当欣赏茴英的才华。茴英进入事务所后没多久，这位律师就主动找她一起参与事务所的重要案件，茴英因而有许多与这位律师单独相处的机会。

这位律师在业界是非常有名的人物，茴英对其也仰慕已久，她很期待借着这样的机会向这位律师学习更多的知识。

但一同工作后，茴英开始有不对劲的感觉。

与茴英单独相处时，这位律师有时会对茴英说一些逾越界限的话，例如："你那么漂亮，一定有男友吧？现在年轻人都很开放，是不是在一起就会上床啊？""你穿衬衫，身材那么好，算引人犯罪哦。"他甚至会和茴英有一些身体接触。例如，搭茴英的肩，或者摸着茴英的头发说："你发质怎么那么好，都用什么样的洗发水? 我也要买回去给我女儿用。"有一次,他和茵英分享一起性骚扰案时,对茵英说:"我将被告是怎么做的示范给你看……"然后就一把抱住茵英。

这些状况让茵英很不舒服,但对方的行为似乎都能被合理解释,且以这位律师的年纪,都快能当茵英的爸爸了。他告诉茵英,自己有个与茵英年纪相仿的女儿。茵英想着,他是不是把自己当女儿照顾,自己的反应太过了? 但在一起工作的过程中,有很多让茵英感到不舒服之处,茵英都不知道该做出什么样的反应。

毕竟,她很需要这个实习机会。茵英担心,如果自己反应过头,让对方不开心,自己可能会失去这个实习机会;如果还没完全踏进职场,就惹怒一个在业界很有影响力的、知名的权威人士,可能会影响自己日后的工作与发展。

茵英不敢说出自己的感受,也不敢明确地拒绝、制止对方的碰触与过分的言语,只能安慰自己:"或许是我想太多了,而且实习期才半年,过不了多久就要结束了……"

茵英遭遇的这类性骚扰事件其实相当常见。

案例中的知名律师与茵英是明显的上下级关系。在生活与工作中,许多女性即使面对的是同级别的同事、同辈或者合作对象的不当言语与身体骚扰,也可能会在第一时间愣住。尤其大部分女性都习惯于不制造冲突或不和谐场面,无法表示拒绝或展现愤怒。有时,她们甚至会为了"顾全大局"而默默承受,因为她们觉得"这是丢脸的事情""别人会不会认为是我太敏感了"。

当这类事件成为秘密被压下来后，所有的羞愧就会不合理地被受害的女性承担，做出这些事情的人反而并不需要扛下自己的错误。

之前发现有人在我公司的更衣室里偷拍女生换衣服，后来发现偷拍女生的人居然是我们主管。有很多人受害，我们气不过，决定控告他。

但后来，公司高层开始一一约谈我们，希望我们再给这个主管一次机会。在这样的压力下，大部分受害的女同事都放弃了控告，只剩我与少数几个人还在坚持。

接下来，我们面临的压力越来越大，不仅来自公司的高层，还来自其他同事。被控告的主管学历高，在工作中表现优秀，人缘也还不错。渐渐地，其他人开始替主管说话，认为我们故意放大事端，甚至对我说："如果你是他妈妈，你希望别人控告他吗？""你不要毁掉一个人的前途。"……

我感到很困惑。理智上，我觉得坚持控告这件事并没有错，我想要让做错事的人得到应有的惩罚。但是，当他们反问我"如果你是他的妈妈，你希望别人控告他吗？你这样会毁掉他的前途"时，我又觉得，我好像给别人制造了痛苦，而且，似乎很自私……

一些女性曾在职场上被偷拍，甚至遇到有肢体接触的性骚扰（或是更严重的暴力侵害）。当她们勇敢地站出来，维护自身权益时，她们身边却出现许多压力不允许她们说出自己的感受，表达愤怒。

一旦女性不扮演社会期待的受害者形象，一些人就可能群起而攻之，让她们感觉自己好像是抓着受害者位置不放的加害者。因此，在维护自己权益时，女性很可能被罪恶感、自我怀疑攫住不放，无法挣脱，开始问自己："我这么做，真的对吗？"

尤其，当对方拥有较好的职位、较多的权力、较高的学历、较好的家世时，就算他没有"花钱消灾"，他身边也会有很多人帮助他，维护他的权益。这时，受害者最常听到的话语就会是：

"你这样做，会毁掉这个人（年轻人）的前途。"

"如果你是他妈妈，你会希望别人控告他吗？"

有时还会出现一种状况：女性本来想要维护权益，但是父辈权威代为出面协商后，对受害女性说："我觉得他也很有悔意。算了，别控告了，得饶人处且饶人。要培养一个这么优秀的儿子其实也很辛苦……而且这件事如果传开了，其实对你也不好。"希望女性"算了"。

这是父权体系中的"共犯结构"，权威习惯性地让女性"忽视、委屈自己的感觉""顾全大局"，常挂嘴上的是"这种事如果传开了，其实对你也是伤害"。这种传统贞操观念完全是在姑息养奸。最可怕的是，很多人并没有意识到，受害女性已经受伤，还继续被要求放弃自己的权益、感觉，其实是一件非常具有伤害性、非常残忍的事。她们假装没事，内心却被羞愧感侵蚀着、伤害着。

很多人无意识地认同权威、认同"优秀"的人，然后，无意识地成为共犯结构中的一员。

实际上，身为一个被伤害、被侵犯的人，为自己着想，重视自己的感受，决定说出事情的原委或者控告对方来保护自己，并没有对不起任何人。

但在许多人的期待中，女性往往要默默承受、放弃抵抗。似乎唯有放弃维护自己的利益，才能展现出大家期待的女性样貌，才能顾全大局，不至于引发许多人的焦虑——"如果你不是我们期待中的样子，你将会撼动我们的权威、我们习惯的安全感"。女性只有维持顺从的样子，才不会被攻击，才能勉强安然度日。

女性若过于大声地说出自己的感受，表达自己的想法，努力争取自己的权益，就可能会被贴上许多负面标签，得到许多负面评价。于是，许多女性学会在被压迫时顺从权威。她们放弃抵抗，隐藏自己的愤怒与声音，怀抱着创痛，让它们成为秘密，留存在心中或流传于女性团体之间。

身体意象的追求：要性感，也要守贞

一个女孩在国外读书，毕业后回到台湾地区，在一家挺有名的公司上班。女孩受到公司的赏识，负责一些重要的客户业务。

有个男客户在合作的过程中，时常对女孩开黄腔，甚至动手动脚。例如，当女孩穿比较合身的上衣时，男客户可能会把目光放在女孩的胸部，然后说："你穿成这样，根本就是在引人犯罪。"或者"你靠这样谈合作，是不是比较容易成功？"有时，他甚至会有意无意地让手拂过女孩的胸部，或者假装不小心撞到女孩的身体，然后说："我不是故意的，不过你的身体好软哦……"

男客户的一些言行让女孩很不舒服。女孩请他不要这样做时，他说女孩想得太多、太敏感了。

"以我的年纪都可以当你爸爸了，你怎么会觉得我对你有非分之想，而且你以为你长得很漂亮吗？全世界的男人都想摸你?"男客户像是被女孩误会、羞辱了,表现出非常生气的样子。

他这么一说,女孩就会想"是不是我误会了他"。这个男客户是公司非常重要的客户,不能得罪。但他给女孩的感觉很不舒服,只要与他互动,女孩就能感受到非常大的压力。

女孩跟父母讲这件事时,他们对女孩说:"你也要反省,你穿的衣服太引人遐思了,以后尽量穿宽松一些的衣服。"

女孩跟她的男主管说这种情况时,男主管说:"没听之前跟这个客户合作的人说过这种情况。会不会是你太敏感了?是不是因为你从国外回来,对身体的领域性之类的比较在意。他的某些动作可能只是长辈和晚辈的肢体互动而已……"

他们的回应,让女孩很难过:

"为什么没有人相信我说的话?没有人相信那个客户有问题?为什么大家都先让我检讨自己?让我检讨自己的感受、穿着、态度……我只是穿一些自己喜欢又觉得舒服的衣服,为什么必须为别人的'侵犯行为'调整我的行为,而不能去要求别人改善呢?"

从小妈妈就总对女孩说:"女人一定要在婚后才可以发生性行为。"妈妈耳提面命地告诉我,隔壁邻居的谁谁谁,就是因为婚前性行为怀孕的。男方不要孩子,女方只好回家生下孩子,变成单亲妈妈,遭受邻居的指指点点,差点活不下去,最后搬到外地工作,独自抚养孩子,被别人看不起……

妈妈在路上或者在电视上看到女生穿着较为性感,也会评价:"穿成这样看起来很没教养,引人犯罪。"然后对女孩说:"一定要小心，要注意自己的穿着、言语与行为，不要让人觉得'我要引诱别人'。等到真吃亏的时候，叫天天不应，叫地地不灵，而且大家都会觉得你不检点。"

从小被这么提醒，使得女孩对自己的身体、性都有很强的羞耻感，穿着也很保守，女孩穿的几乎都是宽松的上衣与长裤。

小学时，女孩在公交车上遇到一个男人摸她的屁股，她动都不敢动，也不敢斥责那个男人。下车之后，她失声痛哭，而且完全不敢跟任何人，特别是妈妈说这件事。女孩觉得自己好像"脏了"，而且是她自己做错了什么才会发生这种事。

后来，女孩遇到性骚扰，也不敢跟任何人讲，因为她觉得这代表自己犯错了，很糟糕。但是，事情愈演愈烈。结果，她真的被侵犯了……女孩觉得这真是太可怕了，她只能一个人痛苦，不能让任何人知道。

女孩说："我觉得自己很脏、很恶心，没有活在这个世界上的价值。于是，我开始自残，甚至企图自杀，想要杀了这个很脏的自己……"

女性会因为受到许多"性"与"身体意象"方面的限制而感到矛盾。

崇尚好身材、好长相

许多女性都很崇尚好身材、好长相。大部分的减肥课程、食品课程、整形医美课程等，都是针对女性的。女性的衣着设计也更强调身材曲线，许多内衣、塑身衣、马甲等都有这样的作用。这些产品传达着一个重要信息："把自己的身体塑造得有吸引力，是女性的重要责任。"因此，穿着性感、身材被认为"很好"的女性，常会引来许多欣羡目光。

害怕自己的身体引来他人的目光

然而，女性虽然可以穿着性感、身材姣好，却不能明显地引起性欲。若引起男性的性欲，女性就很有可能会被责备，或被认为不是"良家妇女"，是不检点的、没有教养的。当女性的身体被骚扰、被侵犯时，女性甚至可能被责怪、被污名化，一些人会认为女性行为不检点、穿着不当、不拒绝才会引发这种事。

"引起性欲是羞耻的。""身体被侵犯是羞耻的，代表自己脏了。"……这些给性贴上的标签，以及对女性的守贞教育，使得许多女性处于矛盾之中。她们既疯狂地追求被他人肯定的"好身材"，又害怕自己的身体引来他人的目光，甚至侵犯行为。

当遭遇性骚扰，甚至性侵犯时，身体上的侵犯是第一重伤害；觉得自己脏了，是不好的、不对的，甚至怀疑自己也应该对自己的受害负责任，认为"别人一定会觉得我很糟糕"等想法及心中的羞愧感，则是第二重伤害。

社会对女性有关身体与性的教育，让女性觉得自己应该身材好，但是一旦遇到骚扰或者侵犯，她就不是好女孩或者好女人。而这一切都是为了保障未来那个男性——丈夫——的权利。

于是，在社会的"教育"下，女性对自己的身体并没有太多自主权，对自己的身体、对性的探索与理解似乎是男性专属的权利。

女性，只能为男性好好保持自己身体的美好与纯洁。

情绪技巧训练过程

社会对男性与女性的角色需求与期待是不同的。社会对男性有成就期待——他们要有好成就、好表现，要能扛起一个家的经济责任，因此男性获得自我价值的方式大多是努力有所成就。

而女性是不同的。若你想要得到"好女人"的标签，必然有以下的特质：温柔体贴、会察言观色、善于照顾他人……这些特质，都是能与他人连接、建立好关系的特质。也就是说，社会希望女性成为照顾好身边的人、照顾好家庭的角色。它传递出的信息是：维系好家庭关系比你成就自己还重要。

如今，当女性走进职场，或者说社会，母亲乃至整个社会传承的传统观念在提醒女性：要想维持好关系，你就需要学会各种情绪技巧，这样你才能在这个社会中生存。

那么，这些传承下来的情绪技巧是什么呢？

察言观色：在意他人的感受与评价

为了维系好关系，把他人的感受放在前面似乎是基本要件。必要时，牺牲自己的需求好像也是正常的。许多女性注重察言观色，学会读懂他人话语的弦外之音与背后的情绪，而非仅理解表面的意思。

假设你身边有位女同事因为生理期而肚子不舒服，你想给她买杯热巧克力，如果你对她说："我给你买杯热巧克力好吗？"她回答："没关系，不用啦，那样太麻烦你了……"那么你是觉得她不需要，还是觉得她其实想要，但不好意思？

我有时会在演讲的过程中用这个例子询问大家。有趣的是，男性多会选前者，他们会把注意力放在前半句话"没关系，不用啦"上，而女性多会把注意力放在后半句话"那样太麻烦你了"上，她们会继续往下解读同事的话："对方其实不是不想要，只是不好意思，怕麻烦我。"她们明白同事的话有其背后的意思："我其实想要，但是不好意思。"

有些人可能不理解，既然有需要，为什么不干脆地给出肯定答复，而要这样迂回着说？这样不是很麻烦吗？谁能猜得到？

的确，直接表达自己的需求，其实是让我们的人际关系更顺畅的方式之一。但如果我们从小的时候起就被提醒"直接说出自己的需求是一种自私的行为"，环境也没有给我们直接表达需求的空间，长大后我们就不会有直接表达自己需求的习惯。

学会委婉表达需求，察言观色，听懂别人的委婉表达或者话语的弦外之音，成为许多女性从小就被训练的能力。它们很像帮助女性在这个社会中生存的"超能力"，让这些超能力发挥作用的"天线"总是处于开启的状态中，使得许多女性变得很容易承担他人的情绪，与他人的情绪界限较为模糊。

我们的注意力如果都在他人的感受与需求上，就很难感觉到自己被重视，自我价值也会在这样的过程中耗损，变得越来越少。

过度在意他人的需求，当然也就很在意他人的评价。当无法从自身获取足够的自我价值时，我们会更拼命地察言观色，注重他人的需求，照顾与服务他人，借着他人的肯定与称赞，找到自己生存在这社会上的价值。

然而，越在意他人的评价，自己的行动就越受他人控制，对自己的感觉当然就很难良好。因为，被肯定的良好感觉短暂地停留后，我们面对的就是自我价值低落的空虚感："如果我不这么做，别人一定不会喜欢我。"于是，察言观色成了一种能力，却也成了一些女性想要摆脱的诅咒。

情绪界限模糊：承担他人情绪责任，过度在意和谐

擅长察言观色，习惯把注意力放在他人的感受与需求上，很可能让我们因为与他人的情绪界限模糊，过度承担他人的情绪责任。

我遇到许多女性（包含我自己在内），不只在意与自己亲近的人的心情，也很容易被身边的其他人影响。即使对方不是熟人，只要他们在我们身边时心情不好，我们就觉得似乎应该为对方做些什么，否则……

否则就太无情了。

否则就太冷血了。

否则……

或许我们不清楚自己担心的是什么，但感受到对方的情绪时，我们总会焦虑，觉得应该为安抚、照顾对方的情绪做些什么。即使什么都不做，也会感觉自己无法忽略对方的情绪，而且受其影响很不舒服。

这种情绪界限的模糊与习惯性地缩小自我需求、忽略自我感受、放大他人的情绪有很大关系。

许多女性有这样的特质，并非说这是问题，而是说存在这样的现象。有些社交技巧、性格很多时候是我们为了生存而形成的因应策略，一旦发现"如果我这么做，或许我能活得比较舒适、安全"时，一些因应策略就可能被保留并发展。

女性如果没有将注意力放在身边的人身上，就可能会被责怪。所以，一些女性不被肯定时，习惯于不注意自己，而把注意力放在别人身上，甚至牺牲自己，让情绪界限变得模糊。毕竟，要建立清楚的界限，需要有较为坚强、清楚的自我意识，要有愿意为了自己发声的习惯，要能拒绝别人侵犯的力量……这些，似乎都不是女性该拥有的主要特质。

取悦与顺从：学会习惯内心的委屈

在必须察言观色、温柔体贴、在意和谐、情绪界限模糊的训练下，许多女性不出意外地变得善于取悦与顺从。有些人说这是女性的武器，但诚实地说，这不是武器，而更像女性的"生存要件"。

一位女性朋友与我分享了她的经历：

小时候，大人常常说我"臭脸"、没礼貌，但其实我只是习惯面无表情而已，不太会用表情表现情绪。

我哥跟我差不多，面部也总是没什么表情，看起来有点凶。我哥也不太喜欢跟亲戚打交道，常常自己拿着书坐在一旁，但大人不太会说他什么，我妈还会帮他圆场："这孩子只是比较害羞而已。"但如果是我做同样的事情，我妈就会唠叨，说我"臭脸"、看起来很凶、很不屑。

后来我开始训练自己微笑，效果显著，大人比较满意。再后来，我发现笑好像变成了我的反射动作，我的笑脸甚至像面具一般。很多时候我笑着笑着，就忘记了该生气或该说不要……

许多女性会受"无法拒绝"困扰，我自己也会。

记得刚出书时，我收到许多演讲邀约。当时的我从没处理过那么多邀约，完全不知道该怎么办。想要拒绝一些，又担心给别人留下不好的印象，毕竟那些邀约都是别人给我的机会⋯⋯于是，我一咬牙，全答应了。这导致我那一年的工作量过大，身体也出了状况。

当时的我一想到要拒绝别人，就会有很深的焦虑感。我在意别人的感受，害怕别人对我失望；对拒绝别人的要求有罪恶感，觉得"应该"调整自己、配合别人⋯⋯

后来我留意到，我时常取悦别人。一旦拒绝并重视自己的需求，我就会焦虑，产生罪恶感。这是我长期以来的习惯，甚至类似于条件反射，它常常跑出来影响我的决定，让我放弃自己的需求。而我也发现，有类似困扰的女性很多，她们在工作和生活中都会受此困扰。

我注意到：这可能是一种被训练出来的社会性生存法则，而非一种个人特质。

受过往成长经验的训练，一些女性慢慢习惯承受委屈、习惯取悦与顺从，不会拒绝。尽管这会让她们产生许多抱怨与不安全感，但她们依然会为了因应、安抚自己的不安全感，通过顺从的行为，甚至取悦周围的人，来让自己被看见，证明自己有用、有价值。也就是说，她们会为了满足他人的需求，减少自己的需要，通过取悦与顺从获得注意、称赞、重视，让他人、团体、社会接纳自己，从而得到自己的一席之地。

对于有些女性而言，牺牲需求与感受以获得好评价是非常重要的，因为没有人教她们如何无条件地肯定自己存在的价值，或许她们也没有被无条件地肯定过。她们需要很努力地察言观色，把自己的需求降到最低，以获得更好的评价，获得想要建立的关系，或者成为被团体接纳的一分子。

我们从过往学到的经验是：只做自己，不做出任何牺牲，是不可能被接受的。

降低自我需求：害怕罪恶感与羞愧感

在许多场合中，我都提到过，重视自己的需求与感受非常重要。但许多女性在写给我的信中，或在我做演讲时向我反映：练习重视自己的需求与感受、拒绝他人时，自己会非常焦虑不安，会担心自己是不是显得很自私。

自私与自爱是不同的。满足自己的需求与感受只是自我照顾，并非自私。我们强烈希望并要求别人来照顾、满足我们的需求，且在别人拒绝时，用很多方式惩罚别人，才是所谓的自私。不过我发现，许多人在知道这两者之间的区别后，仍然会在重视、表达自己需求时焦虑不安，不知道该怎么办。那些焦虑感没办法如此容易地被两个概念之间的区别消除。

过度焦虑，可能会促使我们放弃想要照顾自己需求的念头，转而焦虑地赶快满足别人的需求，以使自己的焦虑解除，感觉好受一些。

那些焦虑究竟是什么呢？

实际上，那些焦虑，就是我们重视自我感受与需求所衍生出的罪恶感与羞愧感。

问题是，那些罪恶感与羞愧感是怎么来的？

因为愤怒，所以产生罪恶感

很多时候，罪恶感源于被压抑的愤怒，以及那些"应该"。

在品雯小的时候，她的妈妈情绪不太稳定，时常和品雯抱怨她爸爸不够关心她，她为这个家、为品雯付出了很多，她很可怜又不被在乎。

"要不是因为有你，我早就离开这个家了，才不会留在这里受委屈。"所以，品雯从小就知道要多关心妈妈一些，因为妈妈的不开心是自己造成的。

上大学后，品雯有时会与同学讨论报告到很晚，有时会参加一些社交活动。妈妈感觉品雯把重心放在别的地方，很不高兴。

某次，品雯要出门参加系里的活动时，妈妈冷冷丢下一句："好，你去好好玩吧，把我留在家里就可以了……说不定，你回来就看不到我了。"妈妈的话，让品雯觉得非常痛苦。

从小到大，她听了不少这样的"威胁"，常常会屈服。品雯的好友知道品雯的状况，也建议品雯，必须要让妈妈学着独立，而不是一直依靠她，否则她一辈子都可能不会有自己的人生。

品雯知道，围着妈妈转的生活并不快乐，但是，看到妈妈孤单的身影，又想如果自己不管妈妈，拒绝妈妈的要求，是不是真的太残忍了？

实际上，对于妈妈的情绪勒索，品雯是愤怒的。品雯隐约感觉到，留在家庭中是妈妈的选择，而妈妈却要品雯承担这个责任，要求自己为她的需求而活。这让品雯很生气。但对于妈妈对自己的照顾、已经做出的牺牲，品雯是感谢的，而且品雯也爱着妈妈。

面对妈妈，品雯总觉得自己不应该生气，否则就是不孝的。因此，品雯会因为自己的愤怒而产生罪恶感，觉得自己"不应该"对妈妈产生这样的情绪。她害怕自己的拒绝会让妈妈失望，而妈妈失望则会让品雯觉得自己不好、做错了事。

因愤怒而出现罪恶感，在这类情况下相当常见。

当我们觉得自己似乎"不应该"愤怒，"应该"按照他人的期待去做时，我们的内心就会出现自我规训的声音，于是我们会责备自己有"希望坚持自己的需求与感受"的想法，习惯性地让一些不一定合理的罪恶感出现。

害怕给别人添麻烦而产生羞愧感

若我们在成长的过程中，曾因为提出自己的需求或没有满足别人的需求，被大人责备"任性""不懂事""不听话""不替别人着想""自私"等，我们就很可能会感觉，有自己的需求或拒绝别人是"不应该的""代表自己是不好的""很丢脸的"，长大之后，当我们提出自己的需求，或是拒绝别人的要求时，也可能出现很深的羞愧感。

从小需要照顾弟弟妹妹，甚至需要照顾父母的女儿们尤其习惯牺牲自己。她们没有被照顾的经验，因此自我价值感较低，更容易有这样的感受。她们觉得提出或满足自身的需求，或者拒绝别人，会给别人添麻烦，是很自私的行为，会很丢脸，让自己显得很糟糕。

于是，为了避免出现这种"害怕给别人添麻烦而产生的羞愧感"，我们耻于提出自己的需要。一旦有人为我们做了什么，我们会担心"欠了人家""给人家添麻烦了"，或者感恩涕零，以涌泉相报，牺牲自己，在所不惜。

默默羡慕、嫉妒与比较：不相信自己是好的

当我们不敢相信自己是好的、是有价值的，却又必须努力向别人证明"我们有存在的价值"时，会发生什么呢？我们的内心会有极大的匮乏感与不安全感。

许多女性，穷其一生不停地照顾别人，却从来没有得到别人给予的同等的爱、重视与疼惜。她们不敢说出自己的需求与被爱的渴望，以为拼命做就可以了，因为在她们的印象中：

拼命做，就可以被看见。

拼命做，就会被重视。

拼命做，就可以得到称赞。

拼命做，就可以得到爱。

她们拼命地付出，却无法满足自己内心深处的渴望。这让她们的不安全感越来越深，但她们不是用新的因应模式来面对

这种不安全感，而是拼命提醒自己："或许因为你做得不够多，是你不够好。"

于是，她们往往带着这种不安全感、害怕，甚至是失去爱的焦虑，战战兢兢、如履薄冰，使出浑身解数维持足够好的关系，以避免失败的关系带来的"我不够好"的羞愧感。

在这样的过程中，她们的内心可能衍生出两种情绪：羡慕与嫉妒。

羡慕与嫉妒的情绪，似乎人人都有。有时，我们难以分辨这两者。

羡慕与嫉妒的情绪大多与自卑感有关。当他人拥有我们很想具备的优势能力，使我们感觉到自卑、低人一等，产生自己不够好的羞愧感时，我们就会羡慕、嫉妒。有些人会将由此而来的羞愧感吞下去，将其转化为鼓励自己的力量——"好，那我要努力，变得更好！"有些人则可能会因而恼羞成怒，觉得不公平，转而攻击让自己感觉到羡慕、嫉妒的人。

嫉妒与羡慕的不同在于"独占性"

许多人认为嫉妒与羡慕的不同在于嫉妒多半是更恶意的，但实际上，它们的不同在于嫉妒有独占性。嫉妒多半与第三人有关，例如伴侣吃醋、手足竞争（彼此争夺父母的爱）等多产生于嫉妒。一旦发现对方给予第三人的爱与资源比较多，自己可能会因此得到的比较少或无法独占，嫉妒的情绪、攻击性的反应就比较容易产生。

对于许多女性而言，羡慕与嫉妒的情绪让她们的内心充满挣扎。她们可能很容易羡慕、嫉妒别人，却又害怕被嫉妒、羡慕。但有时，她们又忍不住与他人比较，下意识地确保她们是被隐隐地嫉妒、羡慕的，以让自己获得安全感。

因为内心安全感的匮乏，她们时常感觉到自己不够好。她们通过和"标准"比较，判断自己够不够好。若比较后，她们确认自己较好，就会觉得安心，会因为暂时性的自我感觉良好而得到安全感；若她们感觉到自己羡慕别人，就会让自己不停地努力，不断向前，获得别人羡慕的眼光。

我们往往默默地嫉妒、羡慕别人，不想让别人发现，因为那样很难看；我们也不想承认别人嫉妒、羡慕我们，因为这代表我们必须承认自己比较好，那样别人可能会觉得我们傲慢、自以为是，况且我们也不相信自己有那么好，害怕"变得伟大"。

但是，我们依然不停地与他人比较，比较各自拥有的东西、做到的事情、取得的成就……我们必须靠比较弥补"我不相信自己有存在的价值，有被爱的价值"这种想法，帮助我们确认我们在这个世界上是有一席之地的。

不够好、不够有用，似乎就代表着会失去爱。我们担心自己不被重视，产生会失去爱的焦虑，所以内心的匮乏感与不安全感很深刻。为了安抚这些感受，我们似乎很需要比较，感觉自己比较好，会让我们暂时安心。

于是，我们像希腊神话中西西弗斯每天不停地推着巨石一样，陷入重复而无意义的比较却停不下来。在羡慕与嫉妒的挣扎中，我们不安地抓着"比较能让自我感觉稍好一点"这唯一的浮木，漂浮在人生这片茫茫大海上，不知道可以往哪里去，不知道是否有能让所有人都满意，让自己感觉已做得足够好，可以靠岸的一天。

于是，一路上，一些女孩在这样的"缠足"训练中学会了："在社会中生存，我需要学会顺从、取悦别人，要懂得察言观色，要在意别人的评价，要让别人给我好的评价；我需要维持好的关系，要找个男人建立关系，建立家庭，这比我工作能力强还要重要。做到这些，别人才会觉得我是好的，而不是失败者……"

她们渐渐将经济、生活、自我定义的自主权交给别人；她们开始想要找寻对的人——能够帮助她们让生命完整、圆满的人。

踏入爱情时，许多女性已经经历"缠足"训练。带着"好女孩裹脚布"进入爱情中，她们又会面对什么样的期待与限制，遇到什么困难呢？

第三章

"应该"的爱情

在亲密关系中追求自我认同

离开了原生家庭，我们开始寻求属于自己的独一无二的关系。我们首先投入的可能就是爱情关系。

如果我们带着原生家庭与环境带给我们的创伤，长期将自我缩小，背负过多"应该"的责任与角色期待，对爱与关系有过多的渴求，接受周围人认为的"成为好女人就先得会照顾人"，那么，我们就很难认为，我们的人生能靠自己圆满。

于是，我们寻找另一个人，在关系中奉献、付出，以获得他的肯定，让他来爱我们、照顾我们、保护我们，满足我们渴望爱的心。

我们做出牺牲，乞求对方给我们关注与爱，是为了证明：通过与对方连接，我们与这个世界相连，我们可以依靠爱情获得自我价值，我们的存在因此而有意义。

进入亲密关系就失去自我

或许你（你身边的人）有过这样的经历：

你明明是个独立的、能够照顾自己与别人的、有许多兴趣与朋友的人，但不知道为何，你一谈了恋爱，就立刻六亲不认，注意力都在对方身上，而且亟需对方全心全意地关注你，否则你会担心"他可能不够爱我"。而这样的"可能"会让你的美好世界崩塌。

明明在此之前，这个人没在你身边，你也活得很好，甚至还没在一起时，可能是他较为积极，你反而有所保留，但为什么进入亲密关系后，你就失去了最熟悉的自己？你可能痛恨自己无用，却无法控制自己的内心，会深深地感觉到自己的情绪被对方的一举一动影响、牵动。

你发现自己内心对爱情一直有一个期待，那就是"我想找到这样一个人，他可以包容我、爱我，视我为独一无二的人。我们从此过着幸福快乐的日子"。

通过得到爱确定自己的价值

我们对女性一心一意追求爱情的故事可能都不陌生。很多女性习惯将注意力放在别人身上，觉得自己可能不够好，觉得自己可能无法成就自己。这使得亲密关系成为女性追求自我认同的方式。通过得到爱确定自己的价值，使得女性很容易把注意力放在追求一段好的亲密关系上。

由于童年时期在原生家庭中缺乏被完全关注、照顾与被爱的经历，我们会在爱情关系中弥补自己匮乏的满足。因为，爱情关系中的爱似乎与我们期待父母给我们的爱有类似的特质，那就是：独一无二。

我们期待自己在父母或他人的眼中，是独一无二的、不可替代的。我们也希望父母爱我们原本的样子，而不是觉得我们表现得有用、对他人有帮助才有价值。

若在成长过程中，父母或其他照顾者愿意给予我们这样独一无二的、无条件的爱，我们就会获得较多的安全感，对自己和这个世界更加信任——相信自己有价值，懂得珍惜自己；相信自己拥有满足需求、实现梦想的能力；清楚地知道牺牲自己、满足别人的需求不是我们的人生目的，我们不会因为满足不了别人的需求受到惩罚，也不需要因此产生罪恶感。

但若我们没有机会感受到这样的爱，而是不停地感受到必须牺牲自己来满足别人，别人对自己没有太高的成就期待，自己必须拥有一段关系才是成功、有价值的，我们就会想在爱情中找寻、填补那些我们不曾拥有的，独一无二的、无条件的爱。

只是，爱情真能填补我们童年成长经历中匮乏的爱吗？

追求全心全意只为爱情

小菲谈过几次恋爱。每次恋爱,小菲都觉得对方就是自己的灵魂伴侣,于是小菲非常认真地经营每一段感情。

小菲很愿意调整自己,配合对方。原本在工作上非常尽心、时常加班的小菲,可以为了配合对方的时间,提早下班、请假。她的假日当然也都是为对方空出来的。

每次恋爱没多久,小菲就会很想与对方共享二人世界,于是她会邀请对方来自己租赁的房子过夜,或者去对方家过夜。久而久之,暂住变久住,小菲开始担负起帮对方打扫卫生、做饭、照顾对方起居的责任。

慢慢地,两个人的生活越来越没有界限,小菲就会产生一种朦胧的幸福感,觉得自己好像抓住了幸福,对方应该会和自己长久地在一起。但进入这样的阶段不久后,对方便开始颇有微词:"我们似乎太黏腻了,我想要一点个人空间。"对方或者把时间花在工作、朋友聚会上，或者将一些心思放到自己的兴趣上，拉远与小菲的距离。

这会让小菲感觉非常不安。她会询问对方去哪里，去做什么，甚至给对方打"夺命连环电话"，不停地给对方发信息。她变得很容易嫉妒，也常怀疑对方是不是出轨了，或者不爱自己了……最后，对方不堪压力，决定离开。

小菲不懂为什么和她恋爱的男孩总会提出"需要自己的空间"，为什么他们不能如自己一般，把注意力都放在感情和对方身上？小菲觉得自己为了他们、为了感情付出那么多，但为什么他们都不懂得珍惜？

每次恋情结束后，小菲都会发现，自己的大部分生活变得空洞了。她会发觉，自己已经很久没有去独自旅行、看看书、听听音乐或者上一些自己感兴趣的课程，这些都是她没有谈恋爱时很喜欢的活动。她也很久没有与朋友联系或聚会了。恋爱中的小菲总是找理由推掉朋友的邀约，因为她想将时间留给男友。

所以当恋情结束，小菲与朋友联系时，一些朋友也会对她冷淡，不想回应她。她的一位好友甚至曾对她直言："你就是有异性，没人性。这样真的很糟糕！"

不断重复的爱情模式让小菲很伤心、很疲倦。每结束一段恋情，小菲都觉得自己的一部分被硬生生地从身体中扯了出去。随着一次一次在感情中受挫，小菲觉得自己越来越渺小。

于是，她更容易在下一段恋爱中把注意力放在男友的一举一动上，试图迎合对方，在对方面前越来越卑微。但做得越多，结果往往越糟。男友又会因为忍受不了她的不安全感、占有欲、控制欲而决定离开。她听到的话越来越过分，被对待的方式也越来越残忍。有的甚至会骂小菲下贱，说她没人要，让她下跪道歉……

但是小菲痛苦地发现，就算男友对她骂出很难听的话，做出很过分的行为，她也希望男友不要离开。只要男友不离开，她做什么都愿意。后来，小菲开始自残，在与男友吵完架后，用刀片割自己，或者吞药。对方却说："不要再骗了，你再装可怜啊！"

小菲忍不住自问，自己为何被轻贱到如此地步？难道自己真的是个很糟糕、不值得被爱，甚至不值得活在世界上的人吗？

进入亲密关系后难以离开

我们身边不乏小菲这样的女性（甚至可能你就是另一个小菲）。这样的女性各方面都不差，但在谈恋爱时，会完全陷入爱情中，追求全心全意的爱情关系。只要她们谈了恋爱，"天地化为零"。在她们心中，没有什么事情比另一半，或比与另一半的相处还重要。

然而，这样的女性似乎很容易遇到对她们不好的伴侣，而且就如遇到"鬼遮眼"一样，离不开对方。就算对方对她非常不好，甚至用言语、精神、肢体暴力虐待她们，她们都不会离开。

她们身边的人可能因为看不下去劝说她们，但最后往往会因劝说无果而决定"离开"。于是，痛苦的她们与伴侣之间不好的关系更成为她们赖以为生、不敢放弃和改变的关系。

认为不被爱是因为自己不够好

小菲为什么会变成这样？

有些女性是无法确定自我价值的。她们带着"好女孩裹脚布"，所以即使她们的外在表现再好，获得男性的爱与稳定的关系也是她们肯定自我价值的关键。

在成长的过程中，她们从来都以他人的幸福为自己的意义来源，努力争取父母有限的重视与爱，却从来不知道，被好好尊重、疼爱、关心是什么感觉。因此，她们进入一段爱情关系后，就期待着可以重写自己的童年剧本，希望靠着付出、牺牲，换取对方全心全意的爱与重视。

小菲这样的女孩可能从小到大都没有被好好对待的经历，她们会不停地争取被重视、被看见、被认为有用，以证明自己有价值。

曾被好好对待过的人遇到对自己不好的人时，会很快地关注到自己的感受，不让自己委屈太久，一旦留意到目前的状况不对，就会逃之夭夭。但没有被好好对待过的人，在不健康的关系中，是很能"忍耐"的。这样的女性可能会一直抱着"只要我好好表现、努力改变，也许有一天，他会变得不一样，对待我的方式会不同"的心态，期待能重新获得爱、被认可，认为那个总觉得自己不够好的"小女孩",可以因为她的努力,被接受、被爱,成为某个人心中独一无二的人。

"只有这样,我才能真正相信自己是有价值的。"对于离开一段关系,小菲会感到害怕。因为带着"好女孩裹脚布",被贬低、被不公平地对待,她不相信自己是值得被爱的,所以想到要分手,要离开伴侣,她就会极为害怕地想:"如果我离开这个人,会不会找不到爱我的人,孤老一生?"

所以,她宁可留在对她不好的人身边,等到状况真的完全失控,甚至已经给她造成伤害时,才让关系结束。

而像小菲一样的女性,即使离开了让她们受伤的关系,也仍可能继续下意识地重演自己的童年剧本,继续追求全心全意的、为了对方而活的爱情,以全心牺牲、奉献取悦对方,换得对方的肯定,以证明自己是值得被爱的。她们甚至会因为太在意对方的评价,而在面对对方的不公平对待或伤害时,认为"我很差,所以对方才会这样对我,我要努力做得更好",却没发现对方可能觉得"不管怎么对你,你都能承受"。

奋不顾身、飞蛾扑火地追求爱,常让我们遍体鳞伤,我们却因此更觉得自己不够好,勉强自己做更多牺牲。这样的画面就像是:你全身都带着伤,裹着伤口的布条还在渗着血,却依然为对方奉茶,只为博得对方一笑。

用这样的伤痕与牺牲换来别人的爱,真的值得吗?而我们真能在这样的过程中,相信自己是值得被爱的吗?

要求无条件地包容

小琴每进入一段恋爱关系，都既期待又怕受伤害。她会将所有注意力都放在感情上，停下手边所有的事情，专心谈恋爱。当然，她也希望对方用同样的方式对待她。

小琴的恋爱一开始总是很热烈。她能感受到对方在经营这段感情上所花的时间与她相差无几。但随着恋爱的时间越来越长，小琴会感觉到对方慢慢回到自己的生活里。这让小琴觉得对方抛弃了自己，非常崩溃。她会检视对方与自己相处时的所有行为，并且责怪对方对待她与这段感情不够认真。

小琴认为，虽然自己的情绪起伏大了点，在脆弱、身体不舒服时比较需要陪伴，但自己不太喜欢麻烦朋友、家人，只是因为另一半是特别的，她才会将自己的脆弱暴露给他。当对方没办法包容她的情绪，配合她的需求时，她会忍不住觉得对方太过自私，不够爱她。

面对小琴的标准与要求，另一半常觉得小琴太过严苛，自己压力很大。

有一次，小琴因为感冒，很希望另一半推掉公司的聚会在家陪伴自己。但另一半告诉她，这次聚会非常重要，而且早就告诉过她，公司大老板会参加这次聚会，自己不可能不去。

听到对方这么说，小琴崩溃了。她非常生气、失望，觉得自己不是任性、会乱提要求的人，自己是因为有需要才提出要求的。但在自己如此需要对方的情况下，对方居然拒绝了自己。

她哭着对另一半说："我觉得你很自私，只在乎自己的需求。"

几次下来，另一半提出分手。

"你希望我时刻以你为主，不能有自己的需求，在你需要的时候一定要配合你，否则你就会大发雷霆、大哭大闹，责备我是一个又自私又糟糕的人。以前，我觉得你是个独立自主的人，但跟你谈恋爱之后，我发现你根本是个小婴儿。你要找的不是伴侣，而是能够无条件包容你、照顾你的父母。我觉得很累，达不到你的要求。和你在一起，被你责备，让我觉得自己是一个很糟糕的人。恋爱不是这样的，我不可能成为你的父母。"

听到对方这么说，小琴既震惊又受伤。

自己真的是这样吗？想要另一半全心全意地爱自己、包容自己，真的是很过分的要求吗？

想让对方成为无条件地爱自己的"父母"

许多女性与案例中的小琴一样，可能一直以来，都是不希望给别人带来麻烦的人。她们会成为这样的人，可能是因为在成长的过程中，父母长期不在身边，或许被期待要照顾他人的需求与心情、善解人意、尽早独立，以"我要表现得很好，能够照顾自己"的方式与大人互动。她们不能有情绪或让大人感到麻烦，否则父母或照顾她们的长辈，就会露出厌烦或拒绝的神情，甚至可能会打骂她们。

她们虽然过早地被训练要顺从，学会看人脸色，以别人的情感需求为主，却仍然很渴望被爱、被照顾、被无条件地接纳。因此，在进入与亲情类似的，具有独一无二之感的爱情关系时，她们可能会无意识地想让对方成为"可以无条件地爱我的父母"，而不是共度一生的伴侣。

用婴儿的方式索求爱

与小菲的例子不同，像小琴这样的女生可能会认为"另一半需要经过我的信任考验"。当另一半通过她们的信任考验，进入她们的"亲密信任圈"后，她们就可能会从非常善解人意、独立自主的人，变成很任性、需要对方照顾的婴儿，并且不停检视、挑剔，甚至考验另一半的行为，以确定就算她们很任性、很糟糕，对方也不会放弃她们、丢下她们，会依旧爱她们。

她们用婴儿的方式，索求无穷无尽的关注与爱，只是为了证明："就算是这样的我，也值得获得无条件的爱"，或者"你是我可以放心信任、放心爱的人，因为你可以接受最糟糕的我"。

只是，这对她们的另一半何其不公平。谁想与一个随时需要被照顾、被满足，不被满足就大吼大叫，责备自己的"巨婴"恋爱呢？

当对方受不了，转身离开时，她们又会崩溃不已，觉得"没有人可以爱、接受这样的我"。

小琴在不断地重复自己熟悉的人生剧本。她虽然会一直用同样的模式让自己受伤，却会因为对遇到的事情有熟悉感而觉得安心，更确定："真实的自己是一个不值得被接纳、被爱的人。没有人受得了这样的我。"

这是很令人难受的。

被迫爱上性侵者的女孩

小如的邻居家有一个大她七八岁的大哥哥。大哥哥的成绩很好，个性温和，有礼貌，相当受左邻右舍的称赞。

小如父母的工作很忙，而小如家与邻居家交情很好，所以有时她放学后，邻居家的阿姨，也就是大哥哥的妈妈，会让小如先在他们家待一会儿，准备些小点心给小如吃。大哥哥会顺便辅导她完成作业，小如的父母不用为此而操心。他们很感谢邻居家对小如的照顾，小如也非常喜欢很照顾她、对她很温柔的大哥哥。

只是，在小如上小学五年级时发生了一件事。原本小如去邻居家时，都会在客厅里做作业。有一天放学到邻居家时，阿姨刚好不在，只有大哥哥在家。大哥哥把小如叫到他的房间里做作业。小如做作业时，发现大哥哥的手肘好像在有意无意地碰自己的胸部，另一只手放在了她的大腿上。小如的校服是裙子，大哥哥的举动让小如有点不太舒服，但是她又想着大哥哥应该不是故意的，自己如果有什么反应，可能会让大哥哥感觉她太敏感了，或者可能会让大哥哥很伤心，所以她什么都没说。

小如写完作业后，大哥哥突然对她说："你想不想知道男生与女生哪里不一样？"小如不懂大哥哥问的是什么，所以就傻傻地点头说："想。"然后大哥哥就露出自己的性器，让小如抚摸，大哥哥也抚摸小如的胸部与下体，跟小如说："这就是我们不一样的地方。"当时，小如有点被吓到了。

后来邻居阿姨回到家，大哥哥迅速整理好两人的衣服，并问小如："哥哥是不是对你很好？"小如点头。大哥哥便要求小如："所以你不可以跟别人说。这是我们两个人的小秘密。"

回家之后，小如越想越觉得不对。她觉得很羞耻、很丢脸。但是，自己当时没有拒绝大哥哥，而且当大哥哥摸自己时，自己好像也有感觉，这样的自己好像也有不对的地方。于是，小如没有跟任何人说这件事，但后来她没有再去邻居家，而是跟妈妈要求，下课后去附近的托管班。

当父母与邻居阿姨问起时，她只说："因为同学放学后都在托管班，一起写作业、上课比较好玩。"

那件事成了她深埋心中的秘密。

后来，小如上高中时，学校开展了性别平等教育。小如想起那件事，发现自己当时似乎被大哥哥性骚扰了，因为自己的身体受到了侵犯。于是，她鼓起勇气，跟父母说了那件事。

父母听到后，说："你那时候怎么没有说？"小如回应："那时候搞不清楚，大哥哥也叫我不要说。"

后来，父母冷静了一下。妈妈说："事情过去了，你也没怎样，还好只有一会儿。"

爸爸突然开玩笑，说："那个男生考上了第一志愿填报的大学，家里又是开公司的，太可惜了，你差点就成为老板娘。"

面对父母的反应，小如又失望又伤心……但当爸爸这么说时，小如忍不住想："对呀，我那时候对大哥哥的印象也不错。如果我将那件事当成因为我们互相喜欢而发生的，是不是就不会有受到伤害的感觉了？"

上大学后，小如与同系的一名男同学恋爱了，两人的感情很好。

有次小如选修了一门系外的课程，在课堂上认识了一名同系的学长。因为在那门课程的课堂上只有他们两个人是同系的，所以他们被分到同一组，要一起完成一份报告。

学长很亲切，也很照顾小如，而且相当优秀，是他们系里的书卷奖得主。小如觉得自己实在太幸运了，因为这堂课的教授出了名的严厉，跟学长一组，不仅可以让她完成报告的压力变小，还可以学到很多东西。

交报告的前两天，他们两个人一起在学校奋斗。完成报告的当天，正赶上他们俩都还没吃饭，学长说："我和系里的同学合租的住处就在附近，这个时间，他们应该都在。我来做意大利面，大家一起吃，庆祝我们完成了这个不可能的任务。我把阿威学长和阿玲学姐介绍给你认识，他们人都很好，以后有问题，你也可以请教他们。"

小如想了想，由于提前完成了报告，自己似乎还有一点空闲时间，学长帮了自己那么多忙，拒绝学长的邀请好像有点不近人情，便答应了。

小如没想到，学长的室友其实都不在。学长趁机强暴了小如。事情发生后，学长抱着小如说："我真的好喜欢你，才会情不自禁地做出这样的事情，你跟我在一起好不好？我一定会对你很好很好的……"

小如觉得天崩地裂。她没想到，一表人才、被许多人崇拜的学长会对自己做出这样的事情。她觉得自己脏了、很糟糕，内心有一个部分因为发生了这件事完全空了。

事情发生后，小如一直不敢把这件事告诉男友和她身边的其他人。小如一直觉得自己的第一次应该给自己喜欢的人，如今自己似乎变成了一个有污点的、不完美的人，也配不上自己的男友了。

她痛恨自己没有防备，觉得都是自己的错，但又忍不住想："是不是像学长说的那样，因为他真的很喜欢我，才会对我这样？既然我都已经这样了，是不是就跟他在一起好了？"

小如突然觉得，学长的条件很不错，爱上他好像也不是很难的事情。如果自己就这样爱上学长，和学长在一起，那么已经发生的这件事好像就没有那么不堪、丑恶，自己好像也没那么脏了……

是霸气、情不自禁的爱，还是侵犯

许多"霸气总裁与小资女孩""霸气校园偶像／明星与平凡小女孩"的偶像剧、言情小说等，似乎都是建构女性对爱情的想象的"入门教材"，而《白雪公主》《灰姑娘》《睡美人》这些故事，也是女性建构想象中的爱情世界的推手。这些故事似乎都在传达一个价值观：

男性需要有很好的外在条件。拥有这些条件的男性也许平时对女性不假辞色，态度、口气都不好，但在他喜欢一个人，想要流露出一点温柔时，他不需要说出口让对方知道，问对方是否能接受，只需要用行动表达：趁对方睡觉的时候，亲吻对方；"壁咚"①对方；一把将对方抓过来亲或者抱着……

从性别平等教育的角度来看，不经对方同意，未确认对方意愿而进行身体接触，其实就是性骚扰。

"我喜欢她，但我是硬汉，所以说不出口。"这句话可能是一些男性理直气壮的解释，大家似乎对他们不说出口，就先用行动表达情感这件事情也相当宽容。男性本身的外在条件、社会地位，被主流价值观认为"好"的时候，尤其如此。

一些女孩可能是崇拜、敬慕身边某位被大家崇拜的男性权威的，但并未产生过希望与他当情侣的情愫。当这位男性似乎因为她们是特别的，做出了只会对她们做，不会对其他人做的

---

① 壁咚：源于日本的网络流行词，意为男生把女生逼到墙边，用手、肘等肢体部位靠在墙上发出"咚"的一声，让女生完全无处可逃的动作。——编注

事时，她们一开始可能会感到困惑："我觉得好惊讶，感觉好像有点怪怪的，可是我好像不可以责备他，因为他喜欢我。"然而，那些对爱情故事的建构，例如"又帅又有爱，行动稍微主动、积极，即使有点侵犯我的身体，没有确认我的意愿，也是可以被原谅的"，以及对权威的习惯性服从、忽略自己的感受、不会拒绝，好像就可以使她们不舒服的感受被莫名其妙地压抑下去。她们甚至可能产生自己一直在追求的被权威认定、肯定的感觉，会误以为这位男性的做法能证明自己是好的、有价值的。

这样的思想对于侵犯她们的男性来说，就代表他们的侵犯行为就被默许了。日后，他们的侵犯行为就可能逐渐升级。

长期得到的是不尊重自己意愿的爱

在现代社会中，男性主动接触女性的身体而未确认女性意愿的状况，远比女性主动接触男性身体而未确认对方意愿的状况多。而有些女性对爱的错误想象，例如认为被优秀的男性接受是一种肯定，代表自己很好，会让她们容易压抑、委屈、忽略自我感受与意愿，以配合权威，满足需求，勉强接受被侵犯的情况。这使得一些男性将欲望包裹在爱与权力、地位中，做出暧昧不明的行为，然后以爱为其名。

一些信息传达出的权威情结，是导致我们时常看到许多性侵行为被辩解之词掩盖的原因，如"我们是真心相爱的，但不知道为什么她说我性侵了她"。"虽然他没有尊重我的意愿，但他表现出爱的行为,这其实就代表他爱我"会被女性接受,这与环境的影响有关。

如果在家庭、职场等环境中,女性受到的训练都是要接受不尊重自己意愿的爱,那么女性对爱的想象就会被扭曲为:"如果这个人是爱我的,而大家都说他是好的,那么,他的行为就算让我感觉不舒服,应该也是可以接受的吧?"例如"我骂你,是因为怕你以后到社会上被瞧不起。如果我不爱你,我才不管你"一类的话,父母的打骂羞辱,被要求按照父母的期待去做等,似乎都需要被理解为"他们虽然不尊重我的意愿,但其实是想让我变成更好的人"。

因为长期接受这样的训练,很多女性逐渐觉得自己有没有价值取决于有没有人爱自己。当被迫接受以爱之名的侵犯时,有些女性会觉得:"能有人爱我,特别是条件好的人爱我,代表我是有价值的、特别的吧?"

得到这种爱,就像被迫吃下自己原本不想吃的东西一样。女性只能安抚自己:"这也不难吃,而且对身体好。如果我吐出来,对方会难过。而且对方花时间这样照顾我、强迫我,代表他在乎我,代表我是重要的、是好的。"她们会为了对方的心情,接受看似是对自己好的,实质上是侵犯性的、不尊重自己的爱。

被污名化却难以发声

有些男性侵犯女性的身体时,会对女性或对外说"我这样做是因为情难自禁"或"我以为她对我也有好感"。大多数性骚扰、性侵事件都是从试探开始的。这些男性不会确认女性的内心是否会不舒服，但是会确认对方是否会拒绝。如果女性不明显拒绝，他们的侵犯行为就会升级。问题是，升级行为的出现，也可以用男女关系进一步深入解释，这就使得"情不自禁"或"她没拒绝我，所以我以为她对我也有好感"成为非常容易被利用的借口。

在性骚扰、性侵事件发生时，社会对女性的污名化就会显现出来。"都是她勾引我的""因为她想红"……男性拥有一定的身份与地位时，更容易把女性形容成想攀附其身份、地位不成而诬告他的人，努力将自己对女性做的事美化成"你情我愿的爱情故事"，或者强调"自己才是深受委屈的受害者"。

为什么这类事会不停地发生？

有些女性将自己的身体变为筹码，以换取更高的权力、地位。虽然不乏这种情况，但毕竟是少数。而一些男性就利用这种少数情况为自己辩解，将自己说成受害者，将女性说成贪图权力、地位的人，将舆论的风向带往同情自己的方向。事实上大部分性骚扰、性侵都是在女性不清不楚、不明不白的状况下发生的。

受侵害的女性似乎很难为自己发声。一旦原本拥有权力、地位的男性的利益，被女性的发声撼动——"有权力的男性"变成"有贪欲的笨蛋"，女性甚至不受"失去贞操就该羞愧"的观念捆绑，大声地说出自己的经历，维护自己的权益——服膺于传统观念的人就会为了维护"稳定",攻击受害女性,企图消除她们的声音。因为,她们似乎是异己,而这些异己的存在让他们感觉不舒服,挑战了他们习以为常,甚至赖以为生的价值观。

用爱来消除羞愧感

当女性被灌输贞操重要性的观念时,性必然与羞愧感绑在一起。

那种感觉自己"变脏了""不是好女孩""再也不会有人爱这样糟的我"的感受,是如此让人感到羞愧,让人的自我价值感低到无法忍耐。而缓解这种羞愧感的"灵丹"之一就是"相信对方爱我"。好像"条件这样好的人爱我,是对我的价值的肯定。只要相信对方爱我,我的自我价值就提高了"。

如果说服自己去爱侵犯自己的人,那么,被侵犯这件事似乎就不再是让女性觉得羞愧且自我价值感变低的事,而变成了美好的事。

好像女性被身边的人伤害时,必须要安慰自己"他是爱我的""和他在一起,或许没那么糟",这件事会发生"是我的错""是因为我不够小心、谨慎""是因为我拒绝得不够明显"……

在这样的情况下,被侵犯的、受伤的不再仅仅是女性的身体,还包含决定她们感受与需求的能力,甚至是定义她们自己,以及在社会中拥有被接纳的位置的权利……

她们要求自己必须吞下这样的伤，安静地消化与习惯这样的痛，或者怀疑自己的感受，说服自己交出选择爱的权利，以求消除自身被"缠足"规训出来的、难以消化的羞愧感。她们希望用交出爱的主权的方式，换得男性的恋人，甚至妻子的身份，以求被社会接纳，得到一席之地，却没有意识到这种做法会制造出更大的伤痕。

其实，原本她们做的这一切，都只是为了让受伤的自己能被接纳。这多么令人悲伤。

浪子回头金不换：女孩的自我牺牲

认识如峰没多久，宜萍就和他在一起了。对宜萍来说，刚在一起的第一个月，简直就像梦境一般。如峰不停地告诉宜萍，他有多喜欢她，他在多早之前就注意到宜萍了，两人是命中注定的……

宜萍一直以来都是个低调、安静、不惹人注目的女孩，而如峰是那种会吸引众人目光的人，他的外表、个性都可以成为闪光灯的焦点。这样的人居然会喜欢自己，还那么喜欢，这让宜萍受宠若惊，奋不顾身地投入这段感情中。

但是两人交往了一两个月后，如峰突然变得冷淡，有时还会莫名地对宜萍发脾气。宜萍觉得很奇怪，于是问如峰，是否遇到了什么让他烦恼的事情。

如峰对宜萍说："我前阵子买股票赔了一些钱，但最近我妈妈生病了，急需用钱。我心情不好，所以对你发脾气了。对不起。"宜萍听了以后，很替如峰担心，于是问如峰需要多少钱，决定先借给如峰。如峰百般推辞，但宜萍还是坚持让他收下，劝他赶快帮妈妈安排手术。

从那时起，如峰就经常这样。

他可能因为某些情况心情不好，就对宜萍大吼大叫，或者突然消失一两个月，宜萍完全联络不到他。每次他再回到宜萍身边，宜萍问他那一两个月去了哪里时，他就会对宜萍说："因为你对我太好了，我觉得自己配不上你，所以想让你自由……没想到，我还是没办法离开你，因为我太爱你了。"可是，出现不到一两周，跟宜萍拿了一些钱后，如峰就又会消失不见。

宜萍的朋友听到这种状况，都很担心宜萍，觉得如峰根本就是在利用宜萍。

宜萍忍不住辩驳："从他小时候起，他爸爸就不在他身边，他妈妈一直在外面工作，所以他从没有体会过温情与安全感。跟我在一起，他觉得过得太幸福了，这会让他害怕自己配不上我，会失去我，也担心自己不够好，会伤害我，所以他才会逃走。他从来没有跟别人说他内心的这些伤……所以我想给他他没有得到过的爱，我想相信他，无条件地支持他。"

她的朋友觉得，她简直就散发着"圣母的光辉"。

但问题是，这个"迷途中的小男孩"最后真的会回到"圣母"身边吗？一定要通过不停牺牲、奉献才能得到的爱，真的是爱吗？

一个女孩深陷在一段离不开的感情中时，即使对方时常消失，对她态度不好，别人觉得她根本就是被对方当成了提款机、备胎或"工具人"，她也依然可能不离不弃。

像宜萍一样的女孩到底为什么离不开这段感情？

和这样的男孩在一起会让自己变得更好

当女孩对自己没有自信，也不习惯重视自己的感受与需求，甚至怀疑自己不值得被爱时，如果有一个人让女孩觉得"他拥有我没有却向往的部分，他选定了我且爱我"，那么这个人对女孩来说就是非常重要的。

自我价值感低的女孩往往会觉得"我的自我价值、我对自己的肯定来源于找到一个爱我的男人"。如果女孩认为和某个人在一起时，自己更有价值，是被爱的、被接纳的，而且这个人令她向往的部分，例如很受女性欢迎、很吸引人注意等，让她不敢相信"这样的人居然会把目光放在我身上"，让她觉得自己是独一无二的、被重视的，那么女孩就非常容易陷入与这个人的感情中。

把自己最想要的爱与照顾给对方

有些女孩一直很希望自己能够被无条件地爱与照顾。她们总是为了别人不停地牺牲、付出，要求自己在别人面前必须展现最美好的一面，压抑自己的愤怒等负面情绪，让自己显得好相处、乐于助人、善解人意等，以免不被爱或不被接受。

恋爱时，另一半因为一些事情受挫、沮丧，甚至暴怒，一方面会让这些女孩很羡慕对方可以这样表现出自己的情绪，因为那是她们一直以来都做不到，也不敢做的；另一方面会让她们联想到自己受伤的经历，因而理解、疼惜对方。

然后，她们会用"希望自己被对待的方式"对待对方，以补偿过去受伤的自己，希望自己能同样被珍惜、理解，被无条件地爱着。

通过牺牲与奉献，感觉自己是特别的

在与浪子相处时，容易陷入自我牺牲的女孩，对爱的想象可能与牺牲、奉献紧密相连。

当自己为对方牺牲，包容其他人都包容不了的状况时，女孩会觉得自己对浪子而言是有用的，而这是她们过去为了获得父母的爱、他人的关注构建的生存模式之一。"我自己一定要有用，才能获得爱"这个信念很可能让她们坚定地在感情中付出。不管对方做出多过分的事情，女孩都会守着对方，在原处等待对方，不离不弃……

这种"我能包容别人无法忍受的事""看得到他的攻击行为背后那些别人看不到的伤"的感受，会让女孩更觉得自己对对方来说是特别的。因为只有自己能给对方提供无条件的爱，这份爱是浪子最需要的。而女孩也相信，总有一天，对方能够因为被感化而回到她们身边。

当女孩陷入这样的爱情模式，以及自己的"爱情想象原则"中，对爱必须要用一些东西换来的想法深信不疑，女孩便能够用无条件的爱包容对方。在她们的内心深处，她们自己不够好，"没有人会爱这样的我"，所以她们宁愿用无条件奉献这种可控制的方式，去获得她们心目中的爱。

对她们而言，要获得爱情，一定要努力、牺牲、奉献、给予……爱，是一种交换条件，是她们努力付出之后给自己的奖杯。她们也在这样的牺牲、给予中，强化这种观念："这样的我如果不做点有用的事、不做出牺牲，是不值得获得爱的。"

其实，许多女孩会借着寻找爱情的过程，学习建立自我价值感、对自己的看法以及确认自己在社会中的位置。

当我们在爱情中学到了通过做出更多牺牲、奉献，委曲求全，让自己的感受更好时，我们会带着怎样的期待与伤痛，进入婚姻呢？

第四章

"应该"的婚姻

结婚，是让社会接纳的关键

当自己快满三十岁时，琪芬觉得这个世界看她的眼光似乎完全不一样了。

以前父母很在意琪芬的表现，总对琪芬说："我把女儿当儿子看。我不觉得儿子才能光耀门楣，我把期望都放在你身上。女人不要太早谈恋爱，不要太早把心放在男人身上，自己要有所成就。"父母尽力栽培琪芬，琪芬也不负父母所望，在工作上的表现非常亮眼，年纪轻轻，就当上了一家大公司的主管。

但是，当琪芬过了二十八岁，逢年过节，她就开始收到身边亲戚的"关心"。询问她有没有恋爱对象，什么时候结婚。甚至连妈妈去参加朋友聚会时，都会被询问："你女儿结婚了没有？"

原本琪芬对于这些询问没有太大感觉，毕竟自己才二十多岁，还想再拼一下事业。但父母后来也急了起来，会对琪芬说："你现在有对象吗？不要把自己变得太厉害，最后会没有男人敢娶你。""有时候，你也要装弱一下，看看身边有没有适合的男性。""女人家终究还是要结婚的，结婚才会有人照顾你。"父母开始频频给琪芬介绍对象，希望琪芬能去相亲。

琪芬非常困惑。

从小到大，父母都一直给她灌输"女性靠自己是最重要的，女性可以和男性一样优秀"，这让她觉得，她结不结婚都是没关系的，能够有自己的事业就好。但她到了适婚年龄，父母却承受不了周遭亲朋好友的压力，认为她应该找一个对象结婚，人生才会圆满。

琪芬忍不住对自己的男性好友抱怨，因为她觉得这件事太不合理了。而男性好友的回答，让琪芬觉得更不可思议："不过，你父母的担心也是有道理的。毕竟我们男人的身价会随着年龄的增加而上涨，可是女人的身价却会随着年龄增加而下跌。你爸妈大概怕你变成大龄剩女，也是为你好啦！"

听到男性好友的回复，琪芬简直觉得遭遇了晴天霹雳。

和自己交情这么好的男性好友居然都有这样的想法，大家都是这样看适婚年龄的单身女性的？难道自己的价值与自己的努力、表现、个性特质、人品都没有太大关系，而是与自己的年龄有绝对关系？

身为女性，年龄大了，就注定没有价值，就没有资格找到一个欣赏、喜欢自己，而且愿意与自己共度一生的人吗？难道必须为了获得他人的肯定，去掉标签，赶快把自己嫁出去吗？

随着身边的朋友一个一个地结婚、生子，迟迟没有遇到适合的对象，也不想勉强进入婚姻的琪芬在大家眼里变得"奇怪"起来。每一次参加朋友的聚会或是婚宴，朋友或亲戚知道琪芬没有对象时，都想赶快帮琪芬介绍对象，好像琪芬是有缺陷的，必须要靠大家帮忙才能被"导回正轨"。

琪芬越来越受不了一群人聚会时，有人询问她的感情状态以及是否结婚了。每次说出"我是单身"后，周围的人好像都会安静一刹那。这让她有些尴尬，好像她这个人成不成功，取决于她身边有没有一个男人……

琪芬越来越受挫、沮丧，有时甚至会有点自暴自弃地想：是不是真的应该去相亲，赶快找一个以结婚为目的的对象，结婚算了？这样至少不用再面对大家的目光，承受压力，好像自己是一个很奇怪，与大家格格不入，或者哪里有问题的女人一样……

进入适婚年龄后，很多女性可能面对的第一大挑战就是：即使你的外在条件再好，若没有对象，还没结婚，你就可能被认为是个失败者。

女性承受的"年纪到了，必须要结婚，才能获得社会认同"的压力远比男性承受的大很多，有些女性可能不得不选择一个自己不是很喜欢的，或是很适合自己的对象结婚。

已有恋爱对象的女性，尽管认为目前的对象不见得是适合自己的，或者两人还有需要沟通、磨合的部分，但仍会下意识地有"对方愿意跟我结婚，是对我的肯定与承诺"的想法，期待对方与自己确定关系。

如此，面对婚姻这个考题，仿佛既是一种必然责任，也是环境对女性的期待，女性甚至因此而进行自我价值的评判。这会使得女性很容易从考虑"要不要结婚"变成考虑"能不能结婚"。

面对如此多的社会期待、污名化、被贴标签的焦虑、恐惧与压力时，我们通常很难想清楚："我要不要结婚？"只能不停询问自己："我到底能不能结婚，获得所有人的肯定？"于是，为了获得安全感，一些人可能就想尽快找到结婚对象，或者催促对方给自己一只戒指与一张结婚证书。仿佛做到这些就象征着我们不是失败者，和别人没有太大的不同，会被社会接纳，我们的自我价值通过了社会的考验。

当满足自我意愿的"要不要结婚"变成证明自我价值、能力的"能不能结婚"时，我们往往无法看清自己为什么要踏入婚姻，也无法了解自己想从婚姻里得到什么。在这样的情况下，我们很容易将婚姻过度理想化。进入婚姻后，我们的失望就越大。

婆媳问题：做儿媳妇应该知本分

明雯在与先生文启结婚前，就决定一起存钱、贷款，买套小公寓，建立自己的新家。

明雯与文启是公司同事，薪水差不多。两人达成共识：一起分担家里的开销和家务，而非遵循传统的男主外，女主内。由于共识清楚，结婚后两人相处得十分融洽。

文启是家中的老大，又是唯一的男孩，因此即使他们不与男方家同住，明雯的公婆仍希望文启能常回家，或者在诸如清明扫墓、祖宗忌日、拜天公①等时候带明雯回家帮忙。刚结婚的明雯第一次知道："原来习俗上有这么多的'拜拜'。"

但每次回去，明雯总是不太开心。

婆婆一直让明雯做事不说，还常挑剔明雯不会做家务、做的

---

① 我国闽南、海南、台湾等地的习俗。

饭不好吃等。如果文启去给明雯帮忙，和明雯一起做饭、洗碗，婆婆就会趁文启不在时，有意无意地说："唉，家务就是女人家要做的事，像我都没有让你爸爸（公公）和文启做过家务，毕竟这是我们女人的本分……"

听婆婆这样说，明雯觉得不太舒服。的确，公婆的互动模式就是传统的"男主外，女主内"，对金钱的管理模式也是传统式的。公公把薪水全部交给婆婆，婆婆掌握整个家的经济大权，也做家中的全部家务。但明雯觉得自己与文启的互动模式应该是互相支持，她不觉得女人就要做全部的家务，男人只要负责赚钱就好。因此每次婆婆对明雯说那些话时，明雯都只是笑笑，不会做太多的回应。

何况每次回婆家，即使小姑们在，婆婆也只会叫明雯做事，却又口口声声说："我把你当自己的女儿看待。"明雯觉得婆婆的这些观念，包括认为"儿媳妇就应该为婆家做所有的家务"，是不公平的。

文启了解明雯的委屈，抢着做家务。但是婆婆会在旁边说："结婚了就是不一样，以前叫你做家务，你都不愿意做。老婆教得很好嘛……"这种明褒暗贬的话让明雯觉得"心累"。

明雯与文启聊到这些事时，文启会无奈地说："我知道我妈这样做对你来说很不公平，不过她的个性就是这样，跟她吵也没用。不然以后就说你要工作，减少回去的次数，避免这样的事情发生。"

不过，仍然有一些状况是避免不了的。

第一次要回婆家过年前，明雯对文启说，希望初二可以回娘家，也希望文启跟自己一起回去："我们小年夜就回婆家了，初二陪我回娘家待个两天，应该也不过分吧？"文启欣然同意："当然好啊，这是应该的。"

没想到婆婆知道之后很不开心，认为初二家里正忙，小姑们要回娘家，家里会有很多客人，需要明雯留下来帮忙做饭、待客，明雯想要回娘家是自私的。

婆婆说："我以前初二也都在婆家帮忙做饭，初三之后才回娘家。现在的年轻人都这么自私？"

听到婆婆这么说，明雯很生气，心里想："你的女儿要回娘家，凭什么让我像佣人一样在你家帮忙？难道我不是别人家的女儿吗？"

对于婆婆根本没有把自己当女儿，时常把自己当佣人使唤，却又口口声声说"我把你当自己的女儿看待"这种表里不一的态度，明雯感到很委屈。但当明雯跟妈妈说这件事时，妈妈却劝她："既然你都嫁进去了，一开始就和公婆的关系不好，也不合适。妈妈不那么在意习俗，你什么时候回来，都没关系。"

明雯听后，有点生气，却又有点犹豫。

明雯为妈妈不站在自己这边，还要自己吞下这样的委屈而生气，但是又觉得妈妈是过来人，妈妈的话好像有点道理，况且明雯也不习惯与人起冲突。几经犹豫，明雯最后决定初二在婆家帮忙做饭、端菜、招呼小姑们，初三再回娘家。

只是，做这个决定时，明雯的内心满是委屈。她不知道自己

这么做究竟对不对……

婆媳问题可以说是女性结婚后要面对的重大挑战之一。很多人可能会觉得奇怪，为什么有那么多不替儿媳妇着想的婆婆？但实际上，婆媳问题涉及三个重要议题：

儿媳妇不得不尽的本分、文化创伤与"母子／夫妻问题"。

不得不尽的本分

由于现在许多人结婚、成立自己的家庭后不与公婆同住，"距离产生美感"，婆媳相处的问题也缓和许多。但逢年过节，特别是过年时，婆媳之间的所有不同观念的"交锋"都会达到白热化，问题就会暴露出来。

案例中的明雯面对家务的态度与婆婆不同，但"不能随便顶撞长辈""不能直接跟长辈说出感受与想法"的传统习惯使得在明雯与婆婆的相处过程中，只有婆婆一个人的发声，明雯忍不住觉得委屈。

传统习俗对儿媳妇的期待，与明雯对自我的期待不同。但婆婆如同一些习俗的代言人，"缠足"的执行者，提醒明雯，身为儿媳妇该做什么。明雯过去被训练成了"在乎别人的评价，不与他人随意起冲突，不让气氛不和谐"的人，而且在寻求妈妈的认同时，妈妈也站在传统的那一边，所以明雯觉得自己按照婆婆的要求去做，是约定俗成的，是身为儿媳妇不得不尽的本分。

创伤代代相传

从案例中，我们可以发现，明雯的婆婆过去也被自己的婆婆要求过，所以她内心有许多委屈与被不公平对待的创伤。看到明雯有选择的权力时，带着这些创伤的婆婆产生嫉妒心，觉得不公平，甚至生气。"我以前那么苦，都熬过来了。凭什么你可以不受苦？"因为自己太痛，却又告诉自己应该这么做，没有意识到自己受委屈、受伤是因为受一些传统观念的束缚，就可能会成为维护这些传统观念的共犯。媳妇熬成婆时，就可能忍不住紧抱着成为婆婆的"权力"，继续将不公平加诸儿媳妇身上，并通过这种方式，获得一部分心理上的平衡与补偿。

于是，这样的创伤就这样一代一代地传下去。

婆媳问题是母子问题、夫妻问题的一环

婆媳关系有其特殊性。儿媳妇和婆婆往往没怎么相处，就因为一段婚姻成为"母女"。"其实我们是彼此家的外人，却要立即把对方当成家人，实际上，我们并不是经过长久相处积累出感情的家人"，这样的事实使得婆媳之间总有些生疏、尴尬。

有些婆婆在家的地位颇高，掌握较多的权力，因此在与儿媳妇相处时，可能会强调自己的主控权，或者用过往自己被婆婆对待的方式来对待儿媳妇。有的时候，她们也会用与自己孩子相处的方式对待儿媳妇。但由于彼此的经历不同，熟悉程度

不够，两个人之间很容易产生摩擦。

刚开始与婆家相处时，儿媳妇可能会觉得自己还是这个家的外人，即使对一些事情感到不舒服，也不会直接说出自己的想法，而是将把话说出来的任务与期待放在丈夫身上。问题是，在强势的妈妈面前，丈夫如果总是采取消极抵抗、冷处理的方式，认为"跟她讲也没用，不理她就好了"，就很可能要求妻子也采用息事宁人的方式，甚至可能把妈妈说的、自己耳熟能详的那一套搬出来："没办法，大家对女人的期待就是这样的。你就委屈一下吧！"

母子问题

实际上，妻子在和婆婆相处时遇到的困难，丈夫可能经受几十年了。作为儿子，他们往往与妈妈沟通无效（或者不知道怎么沟通），也早已习惯被妈妈误会、受委屈，因此时常采取消极抵抗的方式，甚至让自己学会对与妈妈的观念冲突无感，以减少委屈与受伤的感受。

若丈夫觉得自己的方式很有效，自然也会要求妻子用同样的方式面对婆媳问题，并可能用自己听熟了的"缠足"观念的语言说服、安抚妻子，以减少冲突，减少自己需要安抚妈妈的次数。

所以我们说，婆媳问题其实是母子问题的一环。

夫妻问题

为什么说婆媳问题也是夫妻问题的一环？

一些女性结婚后，非常期待丈夫成为新家庭的"共同承担者"，可以站在自己这边，不让自己委屈，是可依靠的、非常坚强的。她们发现丈夫面对婆婆时，居然从男人变成男孩、从丈夫变成儿子，就可能会经历"对婚姻、伴侣的幻想破灭，重新调整理想与现实差距"的过程。其实这是婚姻中常见的夫妻问题。只是，婆媳关系可能让这个问题提早浮现。

若丈夫使用"缠足"观念的语言说服妻子，担任"缠足"的执行者之一，妻子就很容易觉得丈夫也是压迫者。

于是，妻子就会因为觉得丈夫不可靠，不能给自己可依赖的肩膀，不站在自己这边，而感到委屈和不公平。妻子忍受这些委屈和不公平到极限时，就很可能把对婆婆与丈夫的期待落空的怒气全部都发泄到丈夫身上。

若说服委屈者留在自己位置上的"缠足"观念所带来的影响无法被察觉，人们就可能会默许这样的事情继续发生：

儿媳妇继续承受不公平对待的委屈，创伤就这么一代一代地传下去。

等待不回家的男人

玫欣结婚没多久，就生了一个女儿。原本一家人都住在桃园，但丈夫嫌在家乡找不到好工作，决心要到台北"赚大钱"。

丈夫到了台北后，找到了还不错的工作。但他总说工作很忙，处理业务需要应酬等，很少回家看玫欣与女儿，拿回家的薪水也有限。

女儿越来越大，生活上的开销也越来越多，玫欣也开始出外工作。丈夫偶尔回来，会眉飞色舞地说起台北的一切，但当玫欣询问他在台北的生活，或者问他为什么这么久才回来一趟时，他总显得不耐烦，有时候还会嫌弃玫欣："女人家不懂男人在外打拼的辛苦。"

几次下来，玫欣也学会不闻不问，面对丈夫的日渐冷淡与长时间不回家时越来越无感，将注意力都转移到了女儿身上。

她希望女儿未来能有好的成就，找到好的对象，而不是如自己一般，勉强留在婚姻里，等着不知道何时会回家的丈夫。

宛玉的丈夫因被外派到国外工作，两三个月才能回家一趟。

新婚不久，她怀孕了，并不想与丈夫分隔两地，但丈夫认为，自己留在家的发展与薪水都有限，出国工作不但薪水能翻两番，未来升迁的可能性也比较高。

听到丈夫这么说，宛玉只好接受。

原本丈夫对宛玉说的是，外派的时间只有三年，三年后就可以回来升为高级主管。但是如今，五年过去了，丈夫依然在国外工作。

宛玉独自抚养一对子女，觉得辛苦而寂寞。就算丈夫回家了，也时常需要与别人开会，或是处理工作上的事情，给子女的时间非常少，夫妻两人也没有太多相处的时间。

可能因为长期不在家，而且觉得愧对宛玉，丈夫从不给宛玉在经济方面设限，将大部分的薪水都交给宛玉管理。

当宛玉忍不住跟父母、朋友抱怨时，许多人都会劝她："其实你老公不错啦。他是在为你们的生活打拼，而且他的薪水都交给你。没有钱的男人作不了怪。他又不嫖、不赌，认真工作是好事啊！你就是太闲了，才会想这么多。多找一些事情做吧！多放点心思在孩子身上也不错……"

宛玉觉得他们说得似乎很有道理，丈夫对自己并不差，但长久的等待，为家庭做出的牺牲，依然让宛玉觉得非常孤单、寂寞。"难道这就是我要的婚姻？对我来说，只要他有钱，没有坏习惯，就已经够了吗?"

只是宛玉身边的人都觉得她丈夫很好,所以宛玉对自己的不满足也有些自责:"可能是我要求得太多了……或许,我该把注意力多放在孩子身上。毕竟,结婚与恋爱不同……"

在婚姻里等待的女人有很多。这些女人的等待与大家对家庭中女性角色的期待与社会环境变化有关。

需要爱,却不能任性

经济快速发展,交通越来越便捷,年轻人投入各种产业中,他们外迁,甚至出国,以获得更好的工作机会。"到外地工作"对一些人来说成为常态。许多男性因而离家,将大量时间投入工作中,而许多女性虽然也有自己的工作,却仍然是照顾家庭、照顾孩子的主力。

当男人被期待必须要有更好的成就时,离开家、找寻更好的工作机会似乎就成为男人的权利与义务,女人则被留在家里,照顾好家庭、子女,让离开的男人无后顾之忧。一批等待的女人由此而来。

她们如同"心理上的寡妇",需要爱,却又不能任性,"因为丈夫是在为了我们的生活打拼","男主外,女主内"似乎是约定俗成的。

重演童年剧本

这些女性往往都在重演自己的童年剧本——小时候父母在外工作，她们必须待在家里，一些年纪较大的姐姐还要负起照顾弟弟妹妹，让弟弟妹妹不吵不闹的责任，让父母无后顾之忧地专心工作。

由于这些女性对这样的剧本非常熟悉，因此她们很容易负起责任，继续扮演不让丈夫有后顾之忧的好妻子。

还有一些女性可能从小没有太多照顾弟弟妹妹的经验，但因为曾经见过妈妈扮演照顾家庭、让爸爸能安心离家工作的角色，所以她们对自己在夫妻关系中的角色分配也很熟悉。她们会认命，并且扮演得可圈可点。

只是，等待的女人内心依然缺乏爱，她们对爱的渴望仍在夜深人静时狠狠地啃噬着她们的内心，期待着自己有被满足的一天。

离婚等于失败

　　平钰和丈夫结婚多年，生了两个孩子。她和丈夫各自有工作，但由于丈夫的工作地点在外市，周末才会回家，因此照顾孩子的责任就落在了平钰身上。

　　身为一家公司的主管，平钰工作忙碌。而生活中，除了要照顾孩子，平钰也担负起了照顾公婆的责任。公婆就住在平钰家附近，他们的年纪又大，平钰不仅要陪着他们去看病，还要帮他们买菜。

　　孩子上初中时，平钰无意间发现，丈夫居然有婚外情。

　　平钰质问先生，丈夫却一脸无奈地说："我一个人在外地工作，每天工作压力都很大，想打电话跟你聊聊天，你却常常在忙。很多时候我还没说几句话，你就说你要忙什么，然后就挂断电话了。我实在很需要一个人陪我聊聊天，让我有一个发泄情绪的通道，而我跟你实在聊不来。"

听到丈夫这样说，平钰非常震惊。

自己为这个家付出这么多，还负担起许多本应由丈夫承担的责任，换来的居然是丈夫的抱怨。

平钰回家跟父母讲这件事时，妈妈却说："发生这种事，你老公固然有错，但你也应该要反省一下自己。你为什么要对他那么冷淡呢？就是因为你把注意力放在工作上，没有照顾你老公，你老公才会外遇的。"

当平钰说自己考虑离婚时，父母都极力反对："你们都有两个孩子了。你老公平常对你也还不错，会把钱拿回家。男人一时被迷惑，走偏也是有可能的，你不要动不动就说离婚。你有没有想过，你们离婚了，孩子怎么办？别人会怎么看你？如果你以后回家住，左邻右舍会怎么说？"

听到父母这么说，平钰的心情很复杂。

一方面，她因为父母的态度而难过。面对丈夫有外遇的婚姻危机，父母不完全站在自己这边，却责怪自己没有尽到做妻子的责任。而且当自己对这段婚姻失望时，父母也不理解自己的痛苦，反而拿他们与周围人的期待那一套来压自己。

但另一方面，平钰也忍不住考虑："的确，离婚必然会影响孩子。而且，如果我离婚了，别人会怎么想？因为老公有外遇而离婚，别人会不会觉得我是失败者？"

平钰深深地感觉到，到了自己现在的年纪，身边的大部分朋友都结婚了，自己如果离婚，还带着两个孩子，就和别人不一样了，会被贴上很多标签，比如"离婚妇女""女强人没办法维持婚姻""她一定有什么问题，她的老公才会外遇"……

平钰突然感受到大家对女性的确非常严苛，她开始考虑自己是否有能力、有勇气面对这些不公平。

几经思考，平钰决定不离婚，和先生各过各的。她努力抚养两个孩子，期待丈夫浪子回头，认识到自己的错误，回归家庭……

女性的自我意识增加，比以前有更多的选择。但是，女性面对离婚时的压力似乎仍然比男性高许多。

社会期待男性有高成就，对女性的期待则是要顾好家庭，因此，面临是否要离婚的选择时，女性更容易因为顾及孩子、他人的期待与眼光，承受很大压力，吞下许多委屈，以保持已婚者的身份。有些女性甚至认为已婚者的身份很关键，它能让自己拥有一些权利，代表自己是被大多数人接纳的一分子。

一些女性面对另一半出轨时，原本为了照顾自己的真实感受与需求愿意选择离婚，不想为了顾及他人的期待或眼光而牺牲自己，留在让自己不满意的婚姻里。但若身边的人不支持她们，认为"男人会逢场作戏是正常的，最后都是会回归家庭的"，或者把男人出轨、婚姻出问题的责任怪在她们身上——因为她们"在工作上表现得太优秀，造成丈夫有威胁感或不顾家""一直在家，像黄脸婆一样，让老公没兴趣"，她们就可能会思考自己是不是应该承担维持家庭、维护关系的完全责任，吞下委屈，留在婚姻里，是不是她们不自私且负责任的必然选择。

进入婚姻的女性面对的束缚

进入婚姻后，女性的角色从女儿变成了妻子、儿媳妇。而身为妻子、儿媳妇，要面对的婚姻"缠足"是什么样的呢？

去性化

在一些传统观念中，女性结婚后，就从自己原本的家庭进入了另一个家庭，有时候，甚至为一个男人及其家庭所有。她们需要学习许多东西，遵守许多教条、规定。女性结婚，特别是有孩子后，大家对女性的要求会更多。她们面对的压力变得更大，因为似乎每个人都可以管她们。管她们穿得端不端庄，跟别的男性有没有过多的互动，能不能照顾好丈夫、公婆、孩子与家庭……似乎全世界都能指导她们怎么做，而她们在大多数时间里只能活在这些评论与眼光中，无法有自己的选择与需求。

一些女性结婚后，可能会因为与丈夫缺乏情感交流、身体接触或者没有太多性生活等，对丈夫不满。但一些传统观念对女性的性压抑，使很多女性无法说出自己的感受与需求。有些人甚至觉得生了孩子后，女性传宗接代的责任已了，不会再有性的需求。

"你应该当个好妻子、好儿媳妇、好妈妈，扮演好你的角色。"在部分人眼中，女性就要扮演好角色，成为"工具人"，具备很多照顾他人的技能，不需要了解、改善自己的亲密需求。仿佛成为妻子或妈妈后，女性就要"得道成仙"，无欲无求。

一旦有女性想跳脱这样的"工具人"角色，周围的人就会前仆后继地安抚她："结婚（当妈妈）就是这样的，你老公不嫖、不赌，没有不良嗜好，会拿钱回家，你还有什么好抱怨的？"若因为亲密需求长期无法得到满足而决定离开，女性面对的就很可能是人人喊打的局面。

但若身为丈夫、爸爸的男性出轨或有外遇，妻子及其他家人可能仍会原谅他们；若他们愿意回归家庭，大家仍然会张开双臂欢迎，因为很多人都说："男人本来就有这样的本能。"男性对性的需求似乎是被社会允许的特权："男人都是这样的。他们能拿钱回家就很好了。"

要求女性去性化——"身为妻子、妈妈，就不该有过多的欲求，应该把注意力放在照顾家庭上"，让女性维持其角色，奉献其心力，方便男性更无后顾之忧地从事自己想做的事情，完成自己的梦想，满足自己的欲求。

女性失去自我，为男性成就自己服务，必须把注意力都放在家庭、孩子上时，很难不把家庭与孩子当成自己的所有物。与孩子极为紧密、难以割断，剪不断、理还乱的亲密共生关系，也让许多孩子在成人之后寻求独立时感到痛苦。

好好照顾家中的每个人

在传统社会的许多家庭中，生女儿不是一件受欢迎的事。

一些父母认为女孩最后还是要嫁到别人家，成为别人的家人，奉养别人的父母，所以不需要给予女儿太多照顾，不需要用心培养女儿，否则，就是在帮别人养女儿。

问题是，女性在进入新的家庭时，与丈夫的家人可能没有太多的感情。如果原生家庭也没有给女性培养技能的资源，没有帮助女性掌握能赖以生存的技能，那么女性进入新的家庭后，似乎就只能靠好好照顾家中的每个人，才能证明自己是有用处的，才能被留下来。

过去，家世较好又疼爱女儿的家庭，会给女儿准备丰厚的嫁妆，避免女儿被夫家看不起、受欺负、不幸福，也有许多女性不论是在娘家，还是在夫家，都必须不停地证明自己很有用。成为孝顺的好女儿，结婚后成为孝顺的好儿媳妇，一肩扛起家里的众多事务，是许多女性获得家中的一席之地，不让别人觉得自己麻烦、没用的方式。

　　现在，女性在社会上的地位提升，女性能用以提升能力的资源越来越多。许多女性能够养活自己，在工作上表现得亮眼，不再扮演被随意轻贱的苦命女人形象，不再让别人决定自己的人生。

　　只是，一些观念的更新有时赶不上外在世界的变迁。

　　即使身为各方面都独立自主的女性，依然不免听到身边的女性长辈，特别是母亲讲做女儿、做妻子或做儿媳妇的道理。婆婆若曾为家庭做出了许多牺牲，放弃了许多自我，很难不带着痛苦，期待儿媳妇跟自己一样，负起责任，做出一定的牺牲。有时，一些婆婆甚至必须看到儿媳妇做出牺牲，感受到痛苦，才会感觉到"自己为这个家的付出是值得的"，是被家人尊重的。

　　在这样的情况下，女性自然会产生被压迫的感觉。女性想要维护自己的观念与想法，摆脱一些根深蒂固、如影随形的传统观念却并不容易。她们或许能感受到某些传统观念并不合理，很多时候却没有足够的勇气反抗或忽视它们。于是，这些女性夹在外在环境与内在声音的冲突中，痛苦不堪。

争取家庭地位：生男孩

　　"你知道吗？那个 ×× ，已经怀第三胎了，为了要生男孩。""那个 ×× 没有生男孩，婆家很失望，叫她继续生，但她很想回来工作。结果婆家说她很自私，娘家也叫她不要急着工作，先好好准备怀下一胎……"

在我的周围，有此类经历的女性仍然存在。

一些女性并不认为一定要生男孩，但如果她们的婆家对此相当坚持，她们就可能会臣服在传统的压力下，忍受痛苦，逼迫自己努力加入生男孩的行列。进入婚姻与新家庭后，她们的生活似乎变成了"宫斗剧"，过去的努力、自我成就、自我实现都变得不重要了，所有的自我价值好像都只奠基在自己能不能生孩子，甚至能不能生男孩上。

困在这些"妻子、儿媳妇裹脚布"中的女性会逐渐感觉到，过去的一些思想在当下依然传承着。她们一边质疑自己的价值，忍不住自问："难道，我只是一个生育的工具？"一边又被"裹脚布"紧紧缠绕，顺着那些观念的趋势，用生孩子、生男孩争取自己在新家庭中的地位。

或许，最痛苦的不是遵从那些观念，而是"我并不接受那些观念，但为了被接纳、生存、不畏惧别人的评价与目光，我不得不这么做"的矛盾感受。夹在"他人觉得正确"与"自己觉得正确"之间，她们进退两难。

她们感觉自己被控制，无法被理解。然而，她们不敢，也不能随便拆掉"裹脚布"。因为让自己和别人活得不一样意味着必须面对极大的社会压力与批评，必须面对与承担"自己和别人不一样""可能不会被社会、身边的人接纳"的被排斥感，以及"觉得自己不够好"的痛苦。所以，她们钝化，忽视自己的感受，继续忍受被"裹脚布"捆着的痛。

女性进入婚姻，成为妻子之后，要承受如此多的角色期待。那么，带着这些"裹脚布"进入妈妈角色，又会对女性产生什么样的影响呢？

第五章

"应该"的妈妈

成为一个好妈妈，为孩子牺牲一切

茵青结婚后没多久，就生下了儿子。原本，茵青准备休完产假就回去上班。但茵青与丈夫不放心让保姆带儿子，也不想把儿子送到托婴中心①。

茵青知道丈夫对孩子很重视，丈夫也对她说："没关系，你专心照顾孩子就好。家里的经济问题由我来扛。"茵青决定干脆先辞职，专心在家里带孩子。

辞职后不久，茵青发现自己又怀孕了。生下女儿后，茵青开始了"一打二"的生活。

短时间内，家里添了两个孩子，茵青世界里的一切都跟着这两个孩子运转。丈夫白天还要上班，茵青也不敢请丈夫帮忙，孩子在夜里哭时，都是茵青一个人起来喂奶，照顾孩子。

———————

① 照管婴儿的处所。

除了长期把注意力放在两个孩子身上，茴青还要整理家务，为先生准备晚餐……茴青觉得自己快要被累垮了。

但是当她跟妈妈、婆婆或身边的其他长辈提到这些事时，大家的回应都是："当妈妈就是这样的，忍过这段时间就好了。你已经算很幸福啦，可以在家里，不用出去工作。你不要想太多，要把家庭照顾好，让你丈夫不用担心，好好工作。"

听大家这样说，茴青觉得自己好像应该知福、惜福，但是她依然觉得忧郁、痛苦。她每天都有太多的事情要做，与丈夫的互动越来越少，因为即使丈夫回家了，她也要做饭、洗碗、洗衣服、晒衣服、照顾孩子……实在是没有多余的力气与丈夫互动。

茴青逃避痛苦的方式，就是用别人的话说服自己："你就应该做这些。身为妈妈，你应该把注意力放在孩子身上，让孩子幸福；把家庭照顾好，让你丈夫无后顾之忧，专心工作。"

她把越来越多的时间花在孩子身上，把家里的每件事都做到尽善尽美。她为家庭付出了自己的一切。

但把家里的事情做得越好，她的压力、情绪就越大。

她发现丈夫在外面有自己的一片天空。因为丈夫在工作上表现得很好，职位颇高，茴青去丈夫公司时，感觉到丈夫的同事、下属都对他非常尊敬，上司也对他赞不绝口。

与亲戚相聚，丈夫对茴青也还算体贴，大家都觉得她嫁了一个好老公，她的命真的太好了。

她的两个孩子也一向表现得不错，在学习成绩与礼仪方面都不需要大人太操心，因此大家都觉得茴青是个好命的人。

但茵青不知道自己为什么依然总是觉得愤怒而痛苦。看到丈夫有自己的天空时，虽然茵青也感到与有荣焉，却忍不住产生愤怒的情绪，甚至会怀疑他是否与公司里的女同事过从甚密，因为他的每一个女同事看起来都那么耀眼。

她的生活重心就是孩子。当她发现孩子也日渐长大，也有他们自己的世界时，她感觉自己像是被利用完的工具一样，被抛下了。她忍不住想发脾气，想和丈夫吵架。

茵青一发脾气，丈夫就一言不发地离开家，有时会去公司加班，好几个小时后才回家。

茵青的儿子也很害怕茵青发脾气，他总是躲进房间里，不太与茵青互动。

后来，茵青不停地跟女儿诉说自己的委屈与痛苦，似乎女儿是她生活中唯一的浮木，可以让她感觉到自己被重视、有些价值。

有一次，茵青嫌弃丈夫没有将事情做对而不开心，对着丈夫大发脾气后，已经上高中的儿子突然爆发，对她说："妈，我真的不懂。你在外面扮演为我们奉献、付出一切的好妈妈，但在家里，你总是搞得好像全世界都欠你的，我们都对不起你一样。你这些莫名其妙的脾气，也总发在我们身上。你知不知道，你就像不定时炸弹一样，我们都很怕你，都觉得待在家里很痛苦！"

听到儿子这么说，茵青非常崩溃，忍不住对着儿子哭喊："我为这个家付出这么多，付出了我全部的青春与人生，结果居然被儿子这么说。我真是一个失败的妈妈……"

看着这样的茵青，丈夫叹了一口气，离开了家；儿子转身进了自己的房间；女儿手足无措地待在原地……

被生命中最重要的三个人这样对待，茴青觉得好痛苦、好沮丧，自己好像被抛弃了……

似乎很多人都期待女性生孩子之后，就成为好妈妈，将孩子的事情放在第一位，好好地养育、教育孩子。在他们的观念里，妈妈好像就应该把注意力都放在孩子身上，无微不至地照顾孩子……

背负好妈妈的压力

全职妈妈常会被一种观念要求："你没有出去赚钱，在家没事，更要把注意力都放在孩子身上，不能有自己的生活。"

一旦妈妈照顾自己的需求，和朋友出门聚会、旅行、做自己想做的事，很难不产生罪恶感，因为很多人对做妈妈的女性的期待就是："你有时间，就应该好好照顾孩子。"好像没有工作的全职妈妈照顾孩子、操持家务都不需要花费时间和精力。她们花钱时，则很可能要背负一些"你就是过得太爽"的罪恶感。

不论是职场妈妈，还是全职妈妈，她们背负着社会对妈妈的很多角色期待，以及非常重的"必须当个好妈妈"的压力。

许多职场妈妈好像必须要顾好工作、顾好家务、顾好孩子……下班之后的生活几乎就是她们的"第二轮班"。许多女性努力地想做到尽善尽美，却也不免累积许多委屈、痛苦，这些情绪会慢慢地转变为愤怒。她们觉得自己被不公平地对待，不被重视，忍不住将这些愤怒投射到与自己最亲近的人身上。

要求孩子弥补自己

如果我们一辈子都为了符合他人的期待而活，压抑、忽略自己的感受与需求，我们就可能会慢慢忘记自己真正的样子，把为了符合他人期待而戴上的面具，当成自己真正的样子。

然而，被压抑的委屈等感受并不会消失，只可能会让我们在孩子长大后，用另一种"社会期待"——"你应该孝顺我"——向孩子要那些自己曾经错失的爱与重视。这样的弥补，或许会让我们觉得过往的牺牲与委屈是值得的，但这却建立在另一个人的牺牲与痛苦上。我们可能会要求孩子把注意力都放在我们身上，就像以前我们被要求时一样。我们用这种方式感受公平，却又羞于承认自己内心真正的需求，反而用孝顺的大帽子解释自己的需要，要求孩子付出。

于是，我们从被压迫者，变成压迫者，借此感受内心的空洞被暂时填补。

只是，即便如此，经历过这些后的我们也仍然找不回自己真正的模样，仍然无法在这样的互动中得到自己真正想要的爱与重视，找回对自己的敬意，也无法真正肯定、相信自己的价值。

为了顾全大局，牺牲自己与孩子的感受

从小，怡凌的妈妈就给她灌输一种观念："要在别人面前维持好的形象。"因此，怡凌在乎自己的仪表，说话时轻声细语，对别人也相当关心。

怡凌结婚之后，生了一双儿女，女儿是老大。怡凌教育女儿，就像以前妈妈教育自己一样。她对女儿的要求很高，要求她留意跟别人互动的方式，在意别人的感受，在别人面前维持好的形象，不可以随便表现出负面情绪，常把笑容挂在脸上。

女儿曾经向怡凌抗议，觉得怡凌太假。

例如，怡凌并不喜欢回婆家，也不喜欢婆家的那些亲戚，她虽然会在背地里对孩子、丈夫抱怨他们，但面对他们时，却仍然笑容满面，为他们做许多事情。面对其他人，怡凌也常有抱怨，但她在人前总是笑面春风，给人很好相处的感觉。

对儿女与丈夫来说，最令他们痛苦的一件事，就是怡凌虽

然在外人面前表现得极好，但在家里非常情绪化。她时常生气，对家人，尤其是对女儿和丈夫十分挑剔。

怡凌时常在家里唠叨，挑剔每个人的所作所为，甚至连家人穿什么衣服都要干涉。

有一天，女儿穿上一件毛衣正准备去参加婚宴时，怡凌要求女儿必须把那件毛衣换下来，不换下来就不可以出门。她觉得那件毛衣显得女儿太胖，不适合在婚宴这种重要场合穿，担心别人觉得女儿没有家教。

家人们对怡凌为了维持形象的挑剔、控制非常反感，但只能默默忍受。因为如果拒绝怡凌的要求，怡凌可能会沮丧、大哭，甚至说出"我去死算了"之类的话。

在一次极大的冲突中，已经快三十岁的女儿直接对怡凌说："我就是受不了你这点。你在外面装成一个好妈妈，但是在家里你根本不是那样的。你只是想假装，想让大家觉得你很好，我们都只是你的装饰品。"

听到女儿这么说，怡凌觉得非常震惊。

"为什么？我做的一切都是为了大家，我说话、做事的方式偶尔会比较直接，但我也是为了大家好。为什么你们不懂我的苦心，反而把所有的错都怪在我身上？"

从那时起，怡凌更加容易生气、委屈，更不愿意与家人互动、沟通，觉得他们都是"同一伙"的，都不理解自己的辛苦。

慢慢地，怡凌感觉到家人离自己越来越远，自己也变得更加暴躁不安，不知道如何改变家里的状况……

夜深人静时，怡凌只觉得自己为家里付出、牺牲了一切，却没有人看到自己的委屈与辛苦……

许多女性非常在意别人的看法、评价与感受，若是自己造成紧绷的气氛，甚至冲突的场面，就会觉得自己似乎做错了事。于是，为了博取别人的好评价与好看法，避免气氛不和谐，牺牲自己的感受就成为她们势在必行的一件事。

一个人如果习惯性地牺牲自己的感受，可能也会如此要求身边的人。一些女性常常牺牲自己最重要的家人的感受来迎合别人，获得别人的认同与肯定。而她们最常牺牲的通常是孩子的感受。她们要求孩子学会顾全大局，维持表面上的和平，甚至维持彼此在外面的良好形象——和谐的家庭、母慈子孝的关系。

当我们习惯于牺牲自己与身边重要的人的感受以迎合别人时，"应该／必须怎么做"就会成为我们人生中的重要准则。

"我不想知道我身边重要的人的感受，我觉得那不重要，因为我也是这样对待自己的。"这样想的女性看到别人受苦时，可能不会有同理心，反而会觉得："你觉得苦？我更觉得苦，但人生就是如此。"

矛盾的是，她们做出牺牲是因为她们有被重视的需求，想要得到别人的肯定，但她们感受到的委屈又会让她们觉得自己不重要，甚至觉得被别人控制了。因此，她们很容易将因委屈与牺牲而产生的负面情绪带入家庭。在最安全的家庭关系中，她们将所有忍耐的情绪爆发出来，发泄给对自己来说最重要，也最能忍耐自己的家人身上，渴望以此获得一些重视与关爱，补偿自己一直以来的委屈与牺牲。而最容易成为她们获得这种补偿式满足的牺牲品，依然是孩子。

这样的情绪和扭曲的情绪满足模式被孩子接受后，就会在不被觉察的情况下代代相传，不停地被复制、传承。

空虚人生的代价：孩子要为妈妈的人生负责

筱霖从小没有太多关于爸爸的记忆。

爸爸很久才会回家一趟，甚至很久都不回家。在筱霖的印象中，妈妈对爸爸不在家这件事感到非常痛苦。

妈妈曾经跟爸爸谈过离婚，并且想要筱霖的监护权。但是，筱霖的奶奶非常强势地对筱霖的妈妈说："要离婚，你就走。要我孙女，休想！你们离婚了，我孙女也不会让你看的！"

由于妈妈的经济能力比爸爸差，监护权很有可能判给爸爸，妈妈只好忍气吞声，选择继续待在这段婚姻里。

在筱霖的印象中，妈妈时常对自己说："要不是因为你，我早就离婚了……我其实可以去做我想做的事情，不留在这里。"

比起爸爸，筱霖更能感觉到妈妈抚养自己长大做出的牺牲、承受的委屈。因此，筱霖觉得，自己应该努力完成妈妈的期待，用自己的人生赔偿妈妈一生的损失，弥补妈妈一生的遗憾。

筱霖从小就尽力达到妈妈的要求。她能感觉到，妈妈将所有心力都放在自己身上，希望自己可以为她完成受婚姻影响而无法完成的梦想：取得学历、在事业上有所成就……

筱霖渐渐长大，有了自己的朋友与生活圈，后来，还有了恋爱对象，妈妈的失落感表现得越来越明显。她不会直接对筱霖诉说，但会在筱霖要出门时，说"你又要出门了，又留我一个人在家"或者"你大了，有自己的生活了，就把我这个糟老太婆自己留在家就好"。

筱霖发现，妈妈没有什么朋友，也没有什么娱乐方式。她似乎把全部的人生都奉献给了筱霖，只为了成就筱霖的完美。但筱霖长大后，便不需要她的奉献了，她的人生瞬间失去了目标。

不论妈妈有没有责备筱霖，筱霖总觉得，妈妈的人生那么空虚、匮乏都是自己的错，是自己不好，要让妈妈牺牲自己。

"我是不是太自私了？是不是也应该为妈妈做更多的牺牲，陪伴她，而不应该花太多时间在自己的事上？"每次筱霖要出门时，总是要承受这样的"天人交战"。

她知道妈妈或许该为自己的人生负责，但是又忍不住想："妈妈因为我才失去了她的人生，我是否也应该把我的人生奉献给妈妈，回报妈妈的牺牲与恩情？"

在罪恶感、亏欠感与想要做自己的想法之间，筱霖感到挣扎、痛苦，不知道该怎么做才好……

为了孩子承受辛苦与委屈

有些妈妈，即使对婚姻不满意，也很可能会为了孩子留在婚姻里。一些妈妈还会在离婚后，始终不让孩子离开自己。身为单亲妈妈的辛苦与委屈，以及一些人的歧视等，可能让单亲妈妈难以忍受，而忍不住将自己的委屈透露给离自己最近的孩子。

这些妈妈担负许多责任，感受到自卑、委屈时，就可能会产生一种"希望孩子即使出自单亲家庭，也能够出类拔萃，不要如自己一般被别人看不起"的心情。于是，她们奉献全部培养孩子。

但当孩子长大成人，要离开自己时，一直没有自我的妈妈会瞬间失去生活的重心，可能会突然不知道该怎么生活，不知道该怎么让自己快乐。她们会感到失落，甚至想把离开的孩子拉回来。

长期与妈妈相处、与妈妈的情绪界限模糊、心情时常随着妈妈情绪起伏的孩子很可能被这种强大的"心理脐带"牵引。他们心中一直有对妈妈的亏欠感与罪恶感，甚至觉得自己毁了妈妈的一生，因此他们可能永远放不下妈妈，永远为了妈妈努力，为了妈妈做决定，为妈妈的人生负责。

牵此一发而动彼全身，这样的亲子关系会让妈妈与孩子都无法活出自己独立的人生。

习惯得到孩子的支持与回应

当然，有的时候，一些妈妈并非故意对孩子进行情绪勒索。他们为孩子做出极大的牺牲，付出极多的心力，已经习惯于与孩子有他人难以介入的小小世界，并总能得到孩子的支持与回应。

可是，孩子长大后，开始建立属于自己的世界时，妈妈与孩子的小小世界就会慢慢破碎。妈妈慌张、失落，不知道怎么面对新的生活，重新看待自己的身份，将心力放回自己身上。

对妈妈而言，牺牲与奉献代表着自己的爱与自我价值，然而妈妈这些爱与自我价值表现的方式，对长大后的孩子来说是沉重的。

学会重新建立自己的人生

那么，到底该怎么做，才能找回自己的价值，获得被爱、被重视的感受？学会重新建立自己的人生是妈妈的重要功课。

如果妈妈与孩子没有意识到这件事情的重要性，而是让孩子接过扮演牺牲者、奉献者的任务，将妈妈当成责任，把孩子的人生让渡给妈妈，以此来缓解孩子的罪恶感，补偿妈妈的人生，那么双方都将永远无法独立。

孩子很难不因此怨怼妈妈，甚至对妈妈产生愤怒的情绪；妈妈得不到自己真正想要的爱，也很难不因为孩子的愤怒而受伤，甚至很可能既觉得"你应该这么做，因为你要孝顺我"，又会因为孩子的牺牲产生罪恶感，与孩子留在一种"相爱相杀"的恶性循环里。

"消失"的另一半，造就强势的妈妈

玮青对爸爸没什么印象。小时候，爸爸在外地工作很忙，玮青和家人几个月才能见爸爸一次。即使见面了，玮青和爸爸也说不上什么话。

看着妈妈身兼多职，一边工作，一边照顾自己和弟弟，努力将他们养大，玮青知道妈妈很辛苦。她努力表现，帮妈妈做家务，希望帮妈妈多分担一些。

但是妈妈非常严格，时常嫌弃玮青很笨，或者家务做得不好，反而给她增加了很多负担。从出门穿什么衣服到上学选什么专业，妈妈对玮青和弟弟人生中的每件事都要干涉和介入。妈妈也时常会对玮青抱怨工作上的事情，或者爸爸那边的家人让自己受的委屈，批评爷爷、奶奶、姑姑等的价值观。

在妈妈眼中，她自己似乎总是被亏待的，对什么都不满意。

玮青觉得妈妈的确很辛苦，但是妈妈爱控制、挑剔与抱怨也让玮青觉得有点难以忍受，她甚至常因为妈妈对自己的控制与批评而自卑、忧郁。因此玮青决定上大学时要离家读书，希望可以用拉开距离的方式，不让自己所剩不多的自信继续受到摧残。

玮青离开家后，妈妈与玮青的关系虽然不再那么紧张，但每次玮青回家，妈妈总会嫌弃玮青的穿着、打扮、长相，或者交的朋友、做的事情，有意无意地展现自己很可怜。她挑剔、控制与爱生气的程度，似乎有增无减。

玮青发现，弟弟变得更加沉默寡言，甚至不喜欢出门，常常宅在家里。这让玮青有点担心。

玮青不懂的是，为什么妈妈这么喜欢生气，这么想要控制别人，这么喜欢找麻烦？

她不是不想靠近妈妈，但妈妈的状况总让她想要逃得远远的……

为了保护家庭与自己变得严厉、挑剔

在一些家庭中，女性是等待的女人，而她们的另一半长时间不在，甚至直接消失。

因为养家活口、为成就而奋斗会感受到压力，不擅长处理妈妈与妻子日渐紧张的婆媳关系等，很多男性逃出家庭，逃向工作，逃向喝酒、赌博、玩游戏、疯狂健身等上瘾行为。一些男性虽然留在家里，却像不发出声音的大型家具，无法进入妻子与孩子的"国度"。

在这个"国度"里，妻子就像治理这个家的"皇后"，而男人就像在外打仗，回来后不知该如何安顿手脚的"骑士国王"。

"骑士国王"喜欢往外跑。他们会外出打仗，和外界连接，以获得成就感与安全感，用来安抚自己没办法与家中连接的不安与匮乏。"皇后"痛恨"骑士国王"不负责任，但面对大家对"皇后"这个身份的期待，她不能丢下自己的责任，只能努力扛起整个家。

"皇后"为了保护家庭与自己，让家庭可以继续正常运转，孩子好好生存、长大，变得越来越强势，越来越想让每件事都按照自己的安排发展，控制欲越来越强。她们很可能没有被温柔对待的经验，才认为严厉与挑剔能让自己与他人变得更好。

她们靠着让自己有用，靠着压抑自己也想被爱的需求，靠着为孩子、为家牺牲，才能背负起丈夫本应承担的责任，撑起一个家，才能成为自己与他人心目中的好妈妈。

温柔而包容的母爱，在这样的家庭里是奢侈的。这些妈妈的牺牲与忍耐，让她们与孩子之间形成一条连接力极强的脐带。她们与孩子似乎一荣俱荣，一损俱损。

用掌控破除匮乏感与不安

孩子长大之后，她们仍然忍不住习惯性地掌控孩子与其他家人的生活。当她们发现自己无法掌控他们时，内心的失控感以及觉得自己不被在乎、不被需要的匮乏感与不安，自己过往因为牺牲、忍耐而产生的委屈等，可能会全部爆发出来。她们忍不住想要挑剔并干涉家人的一切，不停地抱怨。

唯有孩子如以前一样，按照她们要求的方式做事，把她们的话当成生活准则，整个家庭都围着她们打转，她们才会感觉到一丝丝心安和安慰，才会觉得自己承受的亏待、孤单、痛苦被看见了，自己过去牺牲、忍耐的一切都没白费，自己的存在是有价值的。

纠结的母女关系

妈妈形塑女儿的自我

一般情况下，妈妈是女儿接触的第一个女性典范。妈妈几乎担任了女儿塑造自我的教练。

若妈妈认为女性应该听话、温柔、体贴、端庄，保持纤瘦、美好的形象，妈妈自然很容易在日常生活中给女儿传达这样的要求："要穿裙子，不能穿裤子；不可以随便生气，要笑脸迎人；要在乎别人的感受，注意别人的需求；要瘦，不能胖……不然以后没有人会要你。"

妈妈传达的这些规矩，其实也是在传达一个非常重要的信念：要学会取悦他人。好像女性必须是某个样子的才能被社会、被他人，尤其是男性接受，被接受的女性才是有价值的女性。

女儿的自我很可能在接受这些"缠足"的规矩与信念中被硬生生地破坏。她们可能不再深入探索、了解、欣赏真实的自己。

妈妈成为"被压迫的典范"

女儿与男性的关系、互动方式与情感表达等都很可能会受到妈妈的影响。

如果妈妈是家中被压迫的典范、"缠足"观念的传达者,遭受不平等的对待、被大吼大叫,甚至被打,为家庭牺牲、奉献,那么烙印在女儿内心深处的,成为她日后面对感情和婚姻时依靠的女性形象,就很可能也是这样的。

有的时候,女儿看到妈妈被不合理对待而逆来顺受或不停抱怨时,可能会要求自己与妈妈不一样,因此会检视自己的行为,选择与妈妈不同的职业生涯或与爸爸有不同特质的恋爱对象,避免自己成为和妈妈一样的人。

但由于受父母生活方式、价值观潜移默化的影响,当自己的亲密关系出现困境时,女儿很有可能会因循过往父母的互动方法做出反应。

例如,如果爸爸时常对妈妈大吼大叫,甚至出手殴打,妈妈也没有离婚,逆来顺受,女儿尽管内心希望自己能做出与妈妈不同的选择,但她可能并没有见过更好的示范,不知道自己在类似的情况下,还有什么更好的选择。再加上,过往的经历可能使她对于过大的情绪与吼叫的忍耐度比一般人高，在进入亲密关系时，她就可能容易忽略一些不尊重自己的行为迹象，如大声命令，情绪急躁，因为一点小事而生气……她较容易帮对方找一些理由解释，安抚自己不舒服与害怕的感受。

进入婚姻后，这样的状况往往会愈演愈烈，让她进退两难。

女儿成为"情绪配偶"

即便爸爸长期不在家，大部分的妈妈也依然会在他人或自己的期待下，留在家里照顾孩子。但她们内心对亲密的渴求，对丈夫的失望与愤怒，以及感到不公平的体会，仍时时刻刻啃噬着她们的心。

此时，女儿就可能成为妈妈相依为命的对象。女性本身的特质与"缠足"的训练，使得女性体贴，容易察觉别人的情绪，在乎别人的感受。女儿在有这些特质后更容易成为妈妈的"情绪配偶"。

妈妈可能会向女儿抱怨自己的丈夫、婆婆，或者是任何自己受到的不公平对待。更有甚者，妈妈还可能会从自己能控制的女儿那里索求从丈夫和父母那里得不到的爱。比如向女儿传达："我很需要你，你怎么可以只顾自己的生活？怎么可以丢下我？我只有一个人……"如此，妈妈就会成为女儿的强力羁绊。

用孝顺的规矩要求女儿

当女儿渐渐长大，妈妈渐渐变老，妈妈可能会如婴儿般地退化，需要女儿时时刻刻注意、照顾自己。妈妈一旦感觉到女儿的注意力不在自己身上，想要与外界建立新的关系，建造自己的世界时，就可能会产生强大的孤独感，过往被抛弃、不被重视，甚至被当成"工具人"的痛苦回忆往往就会涌上心头。

当妈妈感觉到自己不重要或没有价值时，就会非常慌张，会对原本可控制的女儿产生愤怒的情绪，甚至会觉得女儿"背叛"了自己。因此，妈妈很可能会使用许多情绪勒索的手段，希望重新获得女儿的注意，勾起女儿的罪恶感，让女儿能够继续为自己奉献心力、照顾自己。

这类妈妈过去受到传统观念的影响，过着被亏待而没有机会任性的生活。当她们成为妈妈时，似乎被赋予了某种权力，来要求女儿牺牲、奉献，否则就是女儿不孝、不知感恩，而女儿也被这些"缠足"观念引发的罪恶感围绕，觉得自己"应该"对妈妈奉献，却又痛苦不堪。

母女关系在此时完全倒转：女儿被要求成为照顾者，而妈妈用孝顺的规矩，或者各种退行的方式——愤怒、埋怨、苦肉计、自怨自艾等，来要求女儿以达到目的。

其实妈妈想达到的目的，只是自己的痛苦与牺牲被看见、被珍惜，感受到"这么努力的自己是可以被爱的"。

但妈妈若不真心相信自己是值得被爱的，必须不停地用许多不可爱的"撒娇"方式，向女儿确认自己是被爱着的，就很可能会使彼此过度紧密，痛苦不堪，两个人都无法独立过自己的生活。

这样的母女关系没有给爱留下足够的空间，包含的更多是责任和义务。

和女儿成为竞争对手

有时候，我们也会看到一种"变形"的夫妻关系：当夫妻间出现问题，而两个人都回避问题时，作为爸爸的男性很可能会与女儿连接，女儿就会成为爸爸某方面的"情绪配偶"，满足爸爸内心对亲密关系的渴望。

而作为妈妈的女性发现丈夫与女儿关系紧密，自己无法介入，似乎成为"第三者"时，必然会产生嫉妒与不满的心情，进而与女儿形成竞争关系。

实际上，这种三角关系的形成，是因为夫妻关系出现了问题，令妻子不满的其实是丈夫。但是爸爸爱女儿又天经地义，妻子若无法表达对丈夫的不满，就很可能将对夫妻关系的不满放到女儿身上，对女儿产生愤怒的情绪。

而对孩子来说，与妈妈建立亲密的关系，是安全感非常重要的来源。

如果无法与妈妈建立亲密的关系，女儿很可能没有选择的余地，只能与爸爸建立亲密的关系，更努力地符合爸爸的标准与需要，让自己的不安可以稍微被安抚。

这种与妈妈成为竞争对手的关系可能对女儿产生很大的影响。

女儿长大之后往往不易与其他女性建立深厚的关系，习惯与女性成为竞争对手，甚至很容易陷入三角恋爱当中。因为当她发现自己获得安全感，证明自己有价值的方式是通过亲密关系中男性的肯定与接纳，或是通过"赢过其他女性，让男性选择我"时，就很可能在亲密关系中受习惯模式的影响而遇到极大的困难。

到此，我们谈到的几乎都是女性在面对"缠足"时，可能遇到的困境。其实男性也会受到"缠足"的影响，也可能遇到困难、压力，而这样的男性反过来又会深刻地影响身边的女性。是什么样的影响呢？

第六章

"应该"的关系

复制母亲的方式对待另一半

身为家中的长子，庭文从小就知道妈妈很辛苦。

爸爸虽然有工作，但赚得的薪水很难维持有三个孩子的家庭，因此妈妈开始做保险业务，每天都非常忙碌地在外工作，回家后还要给三兄妹做饭，督促他们做功课。

妈妈时常挑剔他们的生活习惯。有一次，庭文穿了一件有设计感的破洞牛仔裤。妈妈看到时，蹙眉对他说："你穿这种裤子，好像要出去跟别人乞讨一样。你怎么会选这种衣服？难看得要命。"

从三兄妹小时候起，如果他们不能将事情做得符合妈妈的期待，妈妈就可能会突然暴怒，乱发脾气，甚至打骂他们。

妈妈不希望他们有太多的兴趣，认为他们应该把注意力都放在学习上，因此给他们的生活设定了很多的限制，不允许他们参加社团或课外活动。

虽然知道妈妈很辛苦，但庭文依然受不了妈妈的控制、挑剔与不信任，多次与妈妈发生冲突，甚至离家出走，只想获得一点点自由的空间，而妈妈每次都会责备他对长辈没大没小，或者哭着说"我是个失败的妈妈"。

庭文发现，妈妈觉得她自己做的都是对的。她似乎不想也无法了解孩子的心情。她认为自己很辛苦，所以孩子听她的、受她管控是应当的。

渐渐地，庭文发觉自己好像也很容易被妈妈的态度惹怒，在与妈妈的冲突中，他的情绪会立刻上扬、大吼大叫，变成另外一个人。

庭文很不喜欢容易被妈妈影响的自己，因此在多次冲突、沟通无效的情况下，他毅然决然地选了一所离家很远的大学，北上读书。对庭文来讲，离开家，其实就是离开了妈妈的控制。他突然觉得人生自由、开阔了许多。如今，过去被限制的自己多了许多选择。

上大学后没多久，庭文交了一个女友，她独立自主，有自己的想法，也很了解庭文。但是交往没多久，庭文与女友就开始发生一些冲突。

庭文知道女友只是关心自己或好奇才询问他"今天做什么了？去了哪里？"之类的话，但他总忍不住有很大的情绪，对女友说："你怎么那么爱问啊？没事可做吗？"此外，他还会挑剔女友的一些行为、打扮、言语等。庭文觉得女友的个性太直，很容易在她自己都没发现的情况下，说出一些很直白的话伤到别人。每次庭文对女友的提醒都让女友觉得很受伤，因为庭文总会说："你怎么能这么不知趣？直接这样说？你有没有同理心啊？"或者"你穿成这样，跟村姑有什么不同？可不可以看看杂志或电视，学学人家是怎么穿的？一个大学生怎么穿得这么没有气质？"

几次冲突后，女友提出分手。

女友说："有的时候，我只是关心你，或者对你的生活感到好奇，才会问一些你的生活琐事，但你总是会突然暴怒，甚至大骂我一顿。我觉得我很无辜，你的挑剔让我很伤心。每次你都说我对别人说的话很直白，可是你对我说的话不但直白，还非常伤人。你动不动就生气，让我越来越怕你。每次和你说话，我都要想，这个问题或这句话会不会惹怒你，这让我压力太大了……"

听到女友这么说，庭文不知道该说什么。

他隐约发现，自己的说话习惯与情绪，复制了妈妈的。

但是，即使知道这个问题，庭文仍然不知道应该怎么改善，依然会任性地想着："你为什么不能包容这样的我呢？"

在一个家庭里，如果父亲长期"隐身"，母亲担任支撑整个家的责任，母亲就很容易用控制的方式让一切都在正常的轨道上，使整个家庭能持续运作。但在压力过大，极少与人交往且情绪无法疏解的情况下，母亲的情绪很可能会出现极大的起伏。

案例中庭文母亲起伏极大的情绪以及急于控制家中一切的

需求，让母子关系变得紧张。

庭文因为想摆脱母亲的控制，所以逃离家庭。他一方面希望找到一个新的亲密对象——和母亲不一样的，能够欣赏、喜欢自己的人，另一方面又忍不住用母亲的方式对待自己的女友。

当女友与庭文的相处，勾起庭文对母亲的记忆与情绪时，庭文就会用对待母亲的方式对待女友，大吼大叫。

有些人结婚前，会在另一半面前忍耐自己的挑剔与情绪。但这些情绪与挑剔的习惯，很可能会在婚后爆发。

受制于他人目光的男人：忽略妻子的感受与需求

读了前面的内容，你可能会感觉：

"这么说起来，女性若是被压迫的，那么男性必然是既得利益者吧？"

事实上，男性也会被期待和要求，并非是既得利益者。他们甚至可能会在不同的情况下，被更加隐微的方式压迫、误解。

接下来，我将从几个角度切入，谈谈男性如何因为受制于人们对男性的想象而无法展现真正的自己，甚至让自己的亲密关系受到影响。

不被允许表达脆弱，可能无法拥有美好的亲密关系

许多男性在成长的过程中不被允许表达情绪、脆弱与亲密的需求。

"男儿有泪不轻弹""男人膝下有黄金""你是男生要坚强，不可以哭"……家庭、学校、社会或多或少地都在向我们传达：男性要坚强、理性，不能表达脆弱与需求，必须要自尊、自信。

正因如此，大家对成功男性形象的期待，不是拥有美好的亲密关系、好的家庭关系等，而是有成就、能赚大钱或有一定的社会地位。

身为男性，若你能够做到这些，即使你不善于社交、不太有同理心、不太会沟通与表达，甚至情绪暴躁、寡言等，好像都能够被他人接纳。因此，一些男性不懂得如何表达自己、理解别人，与人很好地沟通。

但很多男性都很清楚，进入一段亲密关系后，将彼此视为平等、独立的个体，学会沟通、理解彼此是非常关键的。有些男性在一开始追求对方时，会扮演体贴、在乎他人需求的人。然而，他们其实依然不习惯与家人沟通、述说自己感受的模式，很容易将原来与人交往的方式复制到新的家庭关系中。

许多女性进入婚姻后，会发现丈夫较结婚前有所变化。她们很难听到丈夫说真心话，发现丈夫即使有苦痛或困难，想表达脆弱、自卑或受伤，也只会用愤怒、迁怒的方式表达。

要求妻子必须理解与包容这样的丈夫未免有些困难。毕竟，妻子总会认为："我是你最亲密的人，为什么你对我的态度最不好？"两个人很可能因此陷入各自的伤痛与脆弱中，认为自己不被理解而对对方失去耐心。那些痛苦、挫折与失落会逐渐让两人对彼此张牙舞爪，感到陌生，甚至各过各的。

事实上，绝大多数人都有亲密的需求，需要表达脆弱，被接纳，只是很多男性并不知道如何表达和回应亲密的需求。他们会受到自身沟通技巧的限制，在想靠近妻子、孩子时碰壁。且受"缠足"的影响，他们甚至觉得自己不需要做靠近对方这种"示弱"的行为，认为对方应该来靠近、取悦自己……

他们发现拥有成就、金钱与社会地位，仿佛就代表着会被肯定、被接纳，而当他们认为这样的感受似乎与在亲密关系中被接纳、被肯定有异曲同工之妙时，很可能误以为自己不需要亲密关系，或将对亲密关系的需求转化为对成就、成功的渴望。

工作似乎是一个非常合理的能够让男性不面对家庭或伴侣关系中困难的好方法。大家对男性将时间花在工作上，而没有太多时间经营家庭的包容度好像很大。于是女性被赋予照顾家庭的责任，男性就好像"只要有把钱拿回来就好"。

这似乎减少了男性的家庭责任与压力，但也阻隔了男性与家人建立亲密关系的路径。一些男性在家庭关系、伴侣关系中受挫后，将注意力转向外界，埋首于工作中，和家人的关系渐行渐远。而他们中的一些，会逐渐发现自己其实是有亲密需求的，转而发展对外的亲密关系——外遇。

若"男主外，女主内"是一种社会允许、习惯的模式，人们看到自己身边的大部分家庭，甚至自己的原生家庭都如此，不认为有任何问题时，"女人离不开家，男人回不了家"的情况就会时有发生。

男人婚后仍是"儿子"：冲突再现

一对情侣进入婚姻后，必然会感受到责任与压力。

进入婚姻、建立自己的家庭后，有些男性开始意识到自己不再是孩子，应该负起责任，照顾自己新建立的家庭和原本的家庭，奉养父母。或许他们与父母的关系原本并不融洽，他们曾用去外地上学、工作来逃离原生家庭。但是在结婚之后，他们突然意识到父母老了，自己应该要负起奉养的责任。

如果他们是家中唯一的儿子，可能会对这一点有更深的感受。因为在一些传统观念中"身为家中的儿子，应该要照顾父母"。于是，他们会因为结婚而决定回家，练习与父母相处，减少冲突。

将冲突归咎于妻子

但是，原有的亲子问题，特别是母子问题，可能并没有随着时间改善。家中多了一位新的家人——妻子，反而容易让冲突浮上台面。

虽说妻子是新的家人，但对男性的原生家庭而言，妻子一开始仍难以摆脱"外来者"的标签。因此，当原有的亲子冲突再现时，父母有时会为了不让好不容易回家与自己重新连接的儿子再离开家（不管是心理上的，还是物理空间上的），会把亲子冲突的张力全部归诸"外来者"，也就是新儿媳妇身上。

如同前文提到的那样，许多男性并不懂面对冲突时调节情绪、良好沟通与改善关系的技巧，也缺乏这样的成功经验（毕竟他们选用的调节家庭关系的方法往往是离开）。他们若带着孝顺父母的责任感，不打算再随便离开家，就很可能把压力转到妻子身上，要求妻子和自己一样，选择忍让。而他们的父母若也不想与好不容易回家的孩子发生冲突，就会将彼此的不和与问题归咎在新加入家庭的儿媳妇身上。毕竟，觉得儿子不孝或不好，会影响父母对自我的感受，会让他们思考"养出不孝的儿子，是不是我的问题"。但若儿媳妇不孝，就可以将问题归咎她的原生家庭。

父母会通过将冲突移转到儿媳妇身上，让自己达到认知协调，例如"我儿子很乖的，结婚后才变了"。男性则通过将孝顺父母的理想化期待与责任放到妻子身上，让自己不用面对与父母长久以来的亲子问题，甚至会忽视父母给自己与妻子的差别待遇，以此换得表面上的和平。

如此，母子问题就容易转化成婆媳问题。

与原生家庭在心理上或空间上（搬回家中）重新连接，很可能让应该以新家庭为重心的丈夫变回"儿子"。婆婆为了留住曾经离开家的儿子，会更努力地维系与儿子的连接，于是要求儿媳妇用她的方法，如好好做家务，尽心尽力地为了家庭牺牲等，把家中的这个男人留下来，甚至期待儿媳妇像她照顾儿子一般照顾其丈夫。

家庭中若只有夫妻两个人，讨论家务等事情的分工相对来说比较容易，毕竟夫妻两个人是在相对平等的位置上。但若公婆参与进来，特别是如果婆婆以前全权管理家庭中的事，对家庭的照顾无微不至，认为做家务是女人的事，对儿媳妇的要求就可能会变多。

男性对妻子的矛盾与要求

有些男性结婚前希望能找到与自己的母亲完全相反的伴侣。但是，在结婚后又会忍不住将妻子与母亲作比较，觉得妻子做的不如母亲多，或者不如母亲做得好，甚至将一些传统的期待无意识地放到妻子身上："本来家务就是女人要做的。""本来带孩子就是妈妈的责任。""女人不要管男人的事。"

之所以会有这样的矛盾思想，是因为他们既希望女性能够牺牲、奉献，又希望她们的牺牲、奉献是无条件的、没有抱怨与痛苦的，因为她们的痛苦会带给男性罪恶感，而这样的罪恶感太难消化，会让他们受挫、觉得自己糟糕。他们希望被照顾，又怕麻烦，不想负太多的责任；想享有当儿子被照顾的权利，不想成为照顾别人的成人，又不想像孩子一样被管……他们似乎没有察觉到自己有这样的想法，或者无法将其宣之于口，因而使用大家听惯了的"传统的话语"将其隐藏起来，以显得自己提出要求时理直气壮。

其实，很多时候，男性并非有意识地这么做，而是习惯在不直接提出自己需求与感受的情况下，用"这是大家的共识""这是你的责任"隐晦地表达自己的需求。然而，当自我需求藏在"你应该""你一定要"等观念与期待中，成为男性的强大后盾时，这些需求就不再是男性的个人需求。因为若是个人需求，夫妻还可以就此讨论、协调，但当它们成为无法讨论、选择的责任时，妻子则需要照做。

在这样的责任与期待中，妻子很容易成为家中的代罪羔羊，甚至"工具人"，夫妻间的冲突也很可能会白热化。

长期在这样的传统观念熏染下的丈夫，若没有特别的自我意识，往往会忽略妻子的感受与需求，期待妻子听话、孝顺，在无意识中成为压迫女性的一环。

处在不平与委屈中，感觉自己被当成工具的妻子很难不抱怨。如果公婆也有不满情绪，男人就会感觉自己被夹在两代之间，不知道如何减少彼此间的冲突。

在一些人心中，沟通、协调不是男人必须要有的能力。但不了解、不熟悉如何处理新成员加入后的家庭关系，无法协调原有的母子问题、父子问题，各种难解的情绪冲突、沟通问题就可能愈发严重，男性就可能产生很大的挫败感。

越逃离，越挫败

一些男性结婚后要面对的家庭问题比结婚前更加困难、复杂，他们不知道该怎么解决。因此，有些男人就用结婚前对待父母的方式来对待妻子——逃离。

他们会逃到外面去，逃到社会价值能认可的工作中。

逃离家庭关系或许就不用面对很多问题，毕竟工作带来的成就感相对可控，可以在一定程度上冲淡他们面对家庭问题时的挫败感与失控感。一些男性还可能逃到手机、电脑等电子产品里，他们似乎将其作为保护自己不用面对挫折的"防护罩"。有些男性甚至会逃到另一个女人的身边。他们年轻时，从母亲身旁逃开，逃进另一个女人的怀里；长大后，从老婆身边逃开，再逃到另一个人的怀里。

当时间慢慢流逝，有些男人发现，自己逃了一辈子，也没有发现自己的位置在哪里。

丈夫成为压迫妻子的代表

有些男性不一定会期待妻子孝顺、奉养父母等。但是当他们习惯顺从、忍耐、不起冲突时，就很容易向妻子传达这样的观念，要求妻子跟自己做同样的事情。

他们这样做可能是因为害怕发生冲突，觉得处理问题很麻烦，"多一事，不如少一事"，也可能是因为过往与父母相处的经验让他们知道："和父母发生冲突对解决问题无益，只会给父母机会找自己的麻烦。"他们用过去自己学到的经验，告诉妻子："算了，你就忍一下。"

妻子虽然能感受到被压迫、不合理的待遇与委屈，但受一些传统观念的限制，往往也觉得直接对长辈说出自己的需求，与长辈发生冲突，是很没礼貌、很不孝的。她们时常将自己的期待放到男性身上，期盼丈夫如屠龙王子一样，帮自己冲锋陷阵，挡在公婆面前，保护自己，提出自己的需求。

只是这些屠龙王子可能已经在之前的交手中"零胜N败"，何况他们面对的并不是恶龙，而是自己的父母。

屠龙王子的心中有恐惧、无力感与不应违逆父母的罪恶感，所以在现实中，期待他们能够保护公主，似乎比在童话故事中要艰难几百倍。

妻子很难不对这样的丈夫失望，很难不感到委屈，很容易将受压迫的怒气全部发泄到丈夫身上。

其实，不论是丈夫对妻子有"扮演孝顺儿媳妇"的不合理期待，还是妻子感到委屈时对唯一可以帮助自己的丈夫表达愤怒，都是因为：夫妻是彼此最亲近的人，两个人对彼此的期待也最高。在两个人心中，除了彼此以外，或许没有其他人会真正了解、在乎彼此的感受。

当然，若无法做到满足彼此的期待与需要，两个人对婚姻的失望、愤怒也会最深。但这些失落，并非来源于个人问题，而是我们所处的环境、一些传统观念、家庭、个人交织在一起的结果。

若我们能更深入理解这一点，而非将问题全部归咎于个人，我们或许就有机会自我觉察，互相帮忙，从"裹脚布"中挣脱出来。

父女关系：权威情结的养成

母亲对女儿的影响甚大毋庸置疑，实际上，父亲对女儿的影响也不容小觑。

在一些家庭中，父亲是一家之主，是权威。因此，父亲的言行，有时可能更容易被女儿认可、接受。

例如，如果父亲认为"男人是天，女人就是要听话"，对待母亲的方式是"家里的开支都是我出的，你要做的就是乖乖听我的，把家里的事情做好"，女儿就可能无意间吸收一些僵化的性别角色，觉得"自己被这么对待，好像也是正常的"。

即使她们后来学习了性别平等的观念，也可能非常能忍受男性的不尊重和不公平对待。因为这些行为很有可能符合她们的家庭习惯模式，无法让她们意识到，自己需要和他人设立界限，保护自己，应该离开不被尊重的关系。

除了观察父亲如何对待母亲，以此塑造自己对男女相处方式的看法外，父女关系对女儿的影响，不亚于母女关系。

女儿的第一个权威

传统观念认为父亲是一家之主。如今，依然有许多家庭中的气氛是随着父亲的心情起伏的。

身为家中的权威者，很多时候，父亲是家中建立规则与传达社会价值观的重要人物，他们说的话，表现出的样子，会影响女儿对社会、他人的期待。

父亲如果认为被别人接纳、被社会接纳是非常重要的事，就很可能会要求女儿要端庄，注意穿着、打扮、身材、谈吐，要在意别人的感受，不能愤怒。这样的父亲通常不会鼓励女儿争取自己应得的权利，甚至会警告女儿："你的身材这样（年纪这么大，脾气这么差），谁会要你？"

这些日常生活中常见的贬低人的语言，容易内化成女儿对自己的看法，也可能让女儿因为习惯于被男性批评、定义，而允许父亲以外的其他男性也这样对自己。

女儿长大后，开始有自己的想法与意见时，父亲可能因为女儿不听自己的话而生气、愤怒，说出"我是你爸，你这是什么态度"之类的话。这类话可能会让女儿对男性权威有一种感觉："我无法跟男性权威讲道理。若我想跟他们沟通，他们就可能会愤怒、会伤害我。"

带着这样的无助与失望进入社会，女儿可能在面对男性权威时，做出两种反应：第一，觉得愤怒，特别讨厌且会反抗与父亲类似的权威；第二，毫不抵抗地顺从，因为觉得对方一定不会听自己的意见，不会在乎自己的想法。这种面对权威的习得性无助感，觉得自己只能顺从或一定与对方无法沟通的观念，多数是从父女关系中来的。

一些女性因此认为："如果我不听话，我可能会被伤害、被责备、被认为不好或不对。因此，隐藏自己的感受与需求，扮演好别人需要的角色，是我生存、获得价值的要件。"

父亲的女儿：想达到父亲的期望，又反抗父亲的标准[①]

有些女儿认同父亲，希望获得父亲的肯定，或者认同以追求成功为主的价值观，希望获得社会的肯定与认同，向往 "精神上的权威" 的肯定。她们会非常努力地去获得成就，以获得认同。

若父亲在养育女儿的过程中，将女儿当成儿子，就可能会说："你要努力向上！男人做得到的，你也做得到！" 其实父亲没有说出来的或许是："我期待儿子完成我的梦想与期待。但我只有女儿，女儿表现得比一些男孩好时，我就可以把我的期待放在女儿身上，望女成龙。"

一些父亲会无意识中向女儿传达这样的期待，如果女儿接

---

① 河合隼雄所著的《源氏物语与日本人》一书提到过类似的概念。

受父亲的想法，就可能会不停地努力，成为隶属于父亲的、帮助父亲完成梦想的"工具"。

这样的父女故事其实并不少，例如小说《无声告白》里的莉迪亚，或是电影《茉莉的牌局》（*Molly's Game* 的译名）中的茉莉都是"父亲的女儿"。前者成为证明父亲被西方社会接纳的代表，后者在父亲面临中年危机，需要再次证明自己是个优秀的人时，为父亲锦上添花。

不过，有趣的是，有些时候这样的女儿认同的可能不一定是自己的父亲，而是"精神上的权威"。她们对成功的、有价值的人的定义标准，对男女不平等现象，以及一些人认为女性能力次于男性感到愤愤不平，因而要求自己必须超越男性，以获得外在的成功与肯定证明自己的价值。

若原本应该成为女儿偶像的父亲展露出的一些黑暗面、缺点让女儿失望，女儿就可能既会继续汲汲营营地获取成就，又会找寻自己肯定的父性权威，反抗父亲，与父亲的关系呈现紧张的状态。

《茉莉的牌局》中茉莉与父亲的关系便是如此。

茉莉的父亲对茉莉的要求非常严格，茉莉一方面不服输地想要达到父亲的期望，一方面又想反抗父亲的标准与看法，不想按照父亲的安排做。

一开始，茉莉的叛逆看似是青少年对严厉权威的反抗，后来，影片揭示茉莉反抗父亲是因为发现父亲有外遇，对父亲失去了敬意。

对父亲的尊敬与爱使得茉莉难以消化对父亲的失望。于是，茉莉的愤怒转化为极大的愤怒，她反抗自己的父亲，但又在无意识中深深地希望获得父亲的肯定与爱。

父亲的女儿，可以说是被"成功才有用"驯化的女性。这些女性会有自己的想法，但仍要求自己先让父亲觉得自己是好的、正确的，然后用剩余的力气完成自己想做的事。

被索取亲密关系的女儿

有句话说："女儿是爸爸的前世情人。"有些父亲对女儿相当溺爱，与女儿的亲密程度甚至超越与妻子的。一些父亲与妻子感情不睦，无法建立更好的亲密关系时，就会把亲密的需求转向女儿。

对某些男性而言，向女儿索取亲密感比向妻子索求容易得多。

一些男性缺乏沟通与协调经验，却习惯于站在比较高的位置上，让女性认为自己能力较强，有担当，值得崇拜、肯定。他们不太喜欢女性拒绝自己提出的要求。当他们发觉妻子难以掌控，与自己的地位几乎平等或不对等时，他们可能会如逃离母亲般逃离妻子，将女儿变成"安全选项"，摆脱被掌控的感觉，通过父女关系来满足自己的情感亲密需求；女儿也可能会因此与父亲界限不清，习惯接受父亲对自己特别的关爱与照顾，期望被男性肯定，被全心重视，得到亲密需求的满足。这很可能会使女儿不容易与其他男性建立亲密关系，或者期待找到如父亲般爱自己、照顾自己的男性。

如果女儿对爱的感受与想象来源于父亲，就很可能认为无法如父亲般包容、全心爱护自己的伴侣不爱自己，不是自己的理想爱人，在不与对方进行任何协调、沟通的情况下就决定离开，回到全然被父亲疼爱，不会被拒绝的关系中。

在如此亲密的父女关系中，母亲成为"第三者"一般的存在，母女的竞争关系自然形成。

男性通过父女关系来减少夫妻关系的紧张感，必然会使夫妻关系更为紧张。而女儿过早成为母亲的竞争者与父母关系的破坏者，会使得自己和母亲无法从彼此的关系中获得足够的安全感与亲密感。

如此，习惯与女性竞争、"夺爱"以确认自己价值的模式可能会让女儿过于孤立，无法与其他女性建立深刻的友谊，难以拒绝某些男性的求爱，甚至陷入三角恋爱中无法离开。

若我们没有觉察父女关系对我们的影响，就很有可能让其影响我们与他人的相处模式。

我们可能会痛恨他人期待，却又下意识地认为应该遵守；可能会忍不住为了别人的目光而一直不停歇地努力争取更好的表现；可能会害怕表达自己的真实感受、需求与意见，而将发声的权利交给男性。

如此，我们无法相信自己是独立的个体，可以不需要依靠男人获得自我价值；可能会为了各种男性的肯定而汲汲营营却不自知；可能会因为从小已经习惯被别人批评、定义，接受一些男性给我们贴上的标签，自我贬低、自我怀疑，以致痛苦不堪。

我们是否能够为自己做些什么，摆脱这些束缚我们成为独立的自我的"裹脚布"呢？

第七章

对"应该"说不：做自由绽放的女子

觉知：丢掉你的"裹脚布"

丈夫长期、多次有外遇，且对绮茵相当不尊重，绮茵其实已经忍受很久。

绮茵说："我觉得我们之间已经没有爱了。在他心里，我永远是要待在家里照顾家、照顾孩子的黄脸婆，而他可以自由自在地到处走。我其实已经厌倦这样的角色了。我自己有经济能力，也不觉得没他不行。但是我很在意社会对离婚女性的看法，连我自己都觉得，离婚代表女性的失败，好像我是被抛弃的。这些别人的眼光，让我无法忍受。"

从绮茵的例子中，我们可以看到女性的自我需求如何被那些一直传承下来的"裹脚布"捆绑着，以至于女性无法做出自己最想做出的选择。

绮茵很清楚，自己已经不想留在这段婚姻里，不想被当成

"工具人"，不想再被轻蔑地对待，她希望自己可以被尊重、被爱护。但碍于他人的眼光，她难以做出决定。

女性面对这样的情况时，应该扯开"裹脚布"，了解它们的样貌，清楚它们影响我们的方式。

女性的价值不取决于婚姻

就绮茵的状况来说，"裹脚布"有两个部分：婚姻失败的女性，就是失败者；在一些人眼里，女性离开一段关系，就是被抛弃了。

为什么男性不像女性一样，被别人这样评价，容易有这样的感受呢？

对女性来说，亲密关系好像必须成功，婚姻可能只代表男性生命的一个面向，却好像几乎代表女性生命的全部面向。

女性婚姻的好坏非常可能影响他人对女性的定义。

实际上，社会在不停进步。有时候，最难改变的并不是他人对女性的看法，而是女性自己的观念。很多女性束缚自己的观念，用它们来捆绑自己的心。

如果女性自己也认为，离婚等于失败，就会放大他人对自己离婚的看法。

其实，结婚生子不一定是女性成长的前提。女性一样要经历求学阶段，培养自己的兴趣与专长；要在就职后，发展自己的职业生涯，累积经济能力，拓展朋友圈……婚姻与孩子，其实只是很多女性长长生命中的一部分。说女性价值取决于婚姻，难道不荒谬吗？

另外，有些女性认为，离开一段关系就意味着自己被抛弃。在她们的观念中，她们觉得自己是无力的、不好的，这使得她们更难离开一段关系。即使那段关系让她们非常失望，她们也会担心自己难以找到更好的关系，"没鱼，虾也好"的想法往往让她们留在原地忍耐。

实际上，"被抛弃"的想法是加诸女性身上的"裹脚布"。

例如，若饲养宠物的主人丢下宠物不管，我们会说宠物被抛弃了；若父母丢下年纪尚小的孩子不管，我们可能会觉得孩子被抛弃了。可是，如果孩子已经是三十多岁有经济能力的男性或女性，六十多岁的父亲对他或她说"我要跟你断绝父子或父女关系"，我们会觉得孩子被父母抛弃了吗？我相信大部分的人都不会这么觉得。因为比起父母，长大成人的孩子可能拥有更多的资源，也更能照顾好自己。亲密关系中的男性与女性亦是如此。

只是，在一些情歌、影视剧中，当男性与女性分开时，女性时常是被抛弃的，很多人也认为，女性一直是较为弱势的一方，不能照顾自己，只能被选择。在这样的"裹脚布"中，女性会不自觉地认为，自己需要一段关系，需要依赖男性，才能成为一个被社会肯定的人。

如今，很多女性的经济能力甚至比男性更好，她们有面对生活、解决问题、照顾自我与他人的能力，并非没有对方就活不下去，又何来被抛弃之说呢？两人分开，不能继续相处下去，只不过是因为彼此爱的消逝，或者目标不同。

所以，女性需要离开一段关系时，请记得：分开与你的价值无关，你不是因为不够好而被抛弃的，只是因为彼此已经渐行渐远，不再适合，你决定离开是为了自己能幸福、快乐。

列出捆绑你的"应该"与"一定要"

怎么知道捆绑着我们的"裹脚布"是什么呢？

我建议你，先重新评估你现在的生活，思考你做出的决定与选择是真的因为你自己的意愿，还是因为别人的想法、感受等。

面对因为别人而做的决定时，练习列出自己害怕的理由，然后问问自己："为什么我这么害怕这些？这些对我的影响真的有那么大吗？"

以绮茵的状况为例：

◆ 我对目前的生活是不满意的，目前的状况是：

先生长期外遇，对我不理不睬，且对我态度轻蔑。我在家就像"工具人"，但好像又无法逃离，只能被绑在家里。

◆ 我真正想做出的改变是：

我想让自己快乐，过自己想过的生活，不想忍耐别人对我不尊重的态度。

◆ 我目前做的决定是：

留在婚姻里忍耐。

◆ 我现在做的这个决定，是为了别人，还是为了自己？如果是为了别人，我害怕的是什么？

是为了别人。我害怕的是：别人觉得我婚姻失败，是个失败者，是个比较差的、被抛弃的人。

◆ 这样的担心对我的实质性影响是什么？

回娘家时，我可能必须面对邻居的指指点点、亲戚的询问。别人可能会觉得我有问题或很可怜。

◆ 如果我做自己真正想做的决定，实际影响（结果）会是什么？

可能需要面对一些不熟悉的人的询问或怀疑。其实父母知道我的状况，对于我要离婚也是支持的。不少朋友其实也都站在我这边。不熟悉的人与我的交集很少，其实我也不一定需要很在意。

◆ 我是否可以因应或承受？

如果我相信离开一段婚姻，无损于我自己的价值，或许我能因应别人的看法。

若你已陷于进退两难的境地，上述问题或许可以帮助你厘清：你真正想要的是什么？捆绑你的"裹脚布"是什么？

若你没有遇到明显、清楚的问题或困境，只是觉得自己长期在他人的期待、需求下疲惫不堪，或者不停地陷入同样的困境，例如总是用同样的模式处理人际关系等，我建议你用以下练习找出捆绑你的信念：

◆ 我应该……

◆ 我一定要……

◆ 我不能……

找一个只有你一个人的可以让你沉静下来的空间。做几次深呼吸之后，用这几个句式开始书写。

请尽量自由书写，挖掘出你的内在信条。这些"应该""一定要"，多半是在后天的训练中形成的，是无形的"裹脚布"，影响着你的决定与作为。

努力挖掘，你会越来越了解自己究竟被哪些东西困住了。

列出家庭传达给你的价值观

家庭可以说是捆紧你的"裹脚布"的重要部分。

我想要邀请你找一个安静的地方，拿着纸与笔，与我一起思考以下几个问题：

◆ 童年时，你的父母（主要照顾者），最常对你说的话是什么？

例：你是大姐，要学着体谅父母，照顾弟弟妹妹。

◆ 除此之外，他们说的哪些话，做的哪些事，或者你在家庭中的哪些成长经历，形成了你心中的"我应该""我一定要""我不能"？

例：他们要求我要负责任，要照顾别人，要做兄弟姐妹的榜样，不可以发脾气、任性，要努力为别人着想。

◆ 如果那时候没做到这些"应该"，会发生什么？发生这些事后，你的感受如何？后来你因此做了什么决定？

例：如果我没做到这些事，或者说出自己的感受，大人就会责备我，说我脾气很差、很自私，对我说"以后不会有人要你"，甚至打我，或者不跟我说话。

当他们生气地打我或不理我时，我会很害怕，会觉得自己不好，没人在乎我的感受。被责备时，我也会愤怒。但是我慢慢地觉得愤怒也没用，于是就对他们的做法越来越没有感觉了。

后来我决定要努力达到他们的要求，让他们不要再打我或责备我，能够对我和颜悦色，这样我会感觉好一些。

◆ 这些"应该"是怎样影响你过去与现在的生活的？

例：我很在意别人对我的看法，会很努力地达到别人对我的期待，不太会向别人说我做不到什么事情，也不太会向别人求助。有时候我会觉得很辛苦，甚至觉得自己如果对别人来说没有用，别人就不会在乎我。我觉得自己似乎没什么价值。

◆ 对现在的你来说，如果你没有做到这些"应该"，会发生什么？

例：现在其实有人会对我说，觉得我很辛苦，甚至想要帮我的忙。我不做"应该"做的事，大概也不会有什么恐怖的事发生。但是我依然会下意识地觉得焦虑，习惯于做好所有的事。

顺着这五个问题，或许你会慢慢地意识到，你因循了家庭灌输给你的价值观，这些价值观限制了你的选择，甚至让你承受过多的压力与痛苦。

或许回答完以上五个问题，你会感觉："虽然我好像知道家庭价值观是怎么影响我的，但我还是无法摆脱它们。"没有关系，我们能够察觉被影响的部分，就有机会一步一步地摆脱那些影响我们的"应该"，重新建立自己的标准。

在接下来的练习中，我会陪着你，一步一步地找回属于你自己的人生准则，找回你自己的人生。

列出周围的人对你的角色期待

除了家庭之外，他人对女性角色的期待，也会影响女性对自己的看法，成为女性的"裹脚布"。

把他人以及你自己对你的角色的期待写下来，重新辨识这些期待对你的影响：

◆对妈妈角色的期待：

他人对我的期待——

我对自己的期待——

这些期待对我的影响——

◆对妻子角色的期待：

他人对我的期待——

我对自己的期待——

这些期待对我的影响——

◆对儿媳妇角色的期待：

他人对我的期待——

我对自己的期待——

这些期待对我的影响——

◆对女儿角色的期待：

他人对我的期待——

我对自己的期待——

这些期待对我的影响——

写下这些期待、影响之后，或许你会更清楚，影响你的生活、决定的是哪些声音。不过，就算你清楚地辨识出这些声音，也很可能会发现"我知道，但是我做不到"。

这种情况的出现多半因为你长期按照这些期待做事，被训练出了"习惯性的罪恶感"，并深受其影响。

面对你的罪恶感，列出你的负面信条

当你发现那些捆绑你的"裹脚布"，也就是他人灌输给你的负面信条时，你开始想摆脱这些束缚，做出不一样的选择。可是，你发现你的内心会出现自我责备、自我怀疑的声音，你内心习惯性的罪恶感会把你困住，让你最后还是做出与之前一样的决定。你可能因此对自己失望，觉得自己无能为力。

面对罪恶感或许是摆脱那些"裹脚布"最困难的一步。你或许会想："大家都这么做，大家都期待我这么做，而我却做出符合自己意愿的选择，不会让人觉得我的自我感觉太良好，或者自私吗？"

为了解决这个问题，你需要面对习惯性的罪恶感，辨识它的模样以及它是如何影响你的。你还要了解：就算要面对这样的罪恶感，你仍然有力量做出自己的选择，而不是被它捆绑住，只能承受焦虑或依照他人期待的方式做事。

接下来，你可以依照以下练习，来检视你的罪恶感是如何成为你的隐形"裹脚布"，并随时控制你的行动的。

检视你的罪恶感

如果发生一件事后，你并不想依照别人的期待去做，想要拒绝，却有些犹豫，或者你拒绝了，却觉得心里很不舒服，你就可以开始做这个练习。

例如，明雯大年初二想要回娘家，婆婆却希望明雯留下来帮忙做饭，因为家里的客人很多。明雯觉得委屈，想拒绝婆婆，但内心很犹豫。

◆ 你内心的罪恶感是什么？请用完整的句子写出你的感受。

例：我觉得我好像应该达到婆婆的期待，不然她会失望，而且她可能会生气。我觉得好儿媳妇不会让婆婆生气。

◆ 问问你自己，如果要为这样的罪恶感对你的影响程度评分，总分一到十分，十分代表严重，一分代表几乎没有，你会打几分？

例：我有些焦虑，感觉有点糟糕，这样的罪恶感会影响我的决定，所以我觉得对我的影响程度有七分。

◆ 为什么会出现这样的罪恶感？是传统观念让你产生了罪恶感？

例：因为我觉得身为儿媳妇应该听婆婆的话，而且我觉得让别人失望似乎是一件不好的事情。

◆ 这些束缚你的信念是从哪里来的？是有人这么要求你，还是你自己是这样觉得的？

例：大家都没有明着说，但我能隐约感觉到他们对我有期待。好像从我小时候起，我就觉得不可以让大人失望，而我作为儿媳妇，也觉得，我似乎应该那样做。

◆ 如果你不照做，你会对自己说什么？

例：如果我没有照做，我可能会对自己说："他们一定觉得你很自私。""他们会认为你不替别人着想。""他们会觉得你是个不体贴的坏儿媳妇。"……

当你回答完这五个问题，特别是最后一个问题时，你可能就会发现让你内心产生罪恶感的负面信条。

如果你有能力找出自己的负面信条，你就有机会重新检视：你是否还要被这些负面信条捆绑，让自己的人生受限呢？

面对你的负面信条

做完"检视你的罪恶感"练习后，或许你对自己内心的"裹脚布"有了更深的了解。当你不想完成"应该""一定要"的责任时，内心出现的属于你的负面信条（你对自己的自我监控）是什么？请试着列出。

例如：

◆ 我不应该拒绝婆婆。否则，她一定觉得我很自私，不是个好儿媳妇，其他人也一定会觉得我不懂事。

◆ 身为全职妈妈，我不应该试图找人帮我一起带孩子或做家务。否则，就代表我没有尽到我自己的责任，过得太舒服。

◆ 身为妻子，我不应该一天到晚不做饭，让老公在外面吃饭。我没有尽到我自己的责任会让老公对我失望。

……

列出那些会让你产生罪恶感，在你的内心监控你、责备你的负面信条，你就会清楚了解影响你的决定、判断，钳制你的行为的，究竟是哪些声音。

唯有辨别出它们，你才有机会摆脱它们。

当你察觉到那些捆绑在你身上的"裹脚布"，并且能够辨识出自己的罪恶感与负面信条后，你可以问自己一个问题：

"我非要认可这些信条并且照做不可吗？"

面对"我应该……"与"我不应该……"时，或许你从来没有怀疑过，这些"应该"究竟为什么"应该"，为什么让你深信不疑。

因此，我鼓励你面对你的负面信条，重新思考自己是不是有其他的选择。

结合婆婆要求明雯留下来帮忙的案例，检视你内心的那些"应该"与角色期待，并回答以下问题。

◆ 为什么你会觉得自己"应该"要做些什么，尤其还要想为了别人"应该"做些什么？这样的信念是怎么来的？

例：可能在我的成长经历中，我时常能感觉到，如果不按照别人的要求做，就得面对别人的情绪、责备，甚至可能会让我与别人的关系出现裂痕，那会让我觉得自己很糟糕。所以，我习惯于觉得自己"应该"为了别人牺牲。

◆ 按照那些"应该"做后，你的感受是什么？会对你和身边的人造成什么影响？

例：如果我最后按照婆婆的期待，大年初二留在婆家帮忙做饭，我会很委屈、很难受，觉得我的感受没人重视。为什么我要这么牺牲，不能看自己的父母？

虽然婆婆会很满意，但我会生我自己和婆婆的气，觉得婆婆很自私，自己很没有用。我对婆婆的态度，与婆婆的关系都会受到影响。

◆ 如果不按照那些"应该"去做，会发生什么？你是否能承受得住？

例：如果不按婆婆的期待去做，她可能会不开心，说不定其他亲戚也会对我产生一些看法。他们对我的做法不满会让我焦虑。但是或许不会严重破坏我和婆婆的关系，因为大部分时间我都住在婆家，她知道我其实做了不少事。

我不希望我的委屈让自己变得不想留在那个家。或许我不需要太过在意我的拒绝可能让婆婆不开心，因为我拒绝她希望我留下来帮忙的期待，她会失望、不开心是正常的，我或许不需要把这件事情以及她的情绪全部当成我要负担的责任。

或许你会担心，给自己太多选择，会让自己变得很自以为是、对自己的感觉太过良好，甚至自私自利。实际上，被过度牺牲困扰的你我，要学会照顾自我需求的技能。在练习的过程中，我们面对他人的要求时，有时可能会过度在乎自己的感受，有时仍会以对方的感受为主，这样的拉扯是正常的。如果我们从未尝试过建立界限，就必须通过练习，慢慢找到与这个世界互动并保持自我的方式。

要想不被"应该"束缚，除了要检视自己的负面信条，了解它们如何影响自己外，还必须练习找回自己、了解自己的感受，以及学会与他人建立界限。我们能做出自己想要的选择其实就是获得幸福最简单的方式。

　　接下来，我会陪伴你一起了解、找到自己，接纳自己的感受，建立属于你自己的界限。

找回自己

独处——练习和自己相处

我时常觉得空虚难过，没办法独处。我做任何事时，都要找人与我一起做。我觉得独处很可怕。

我看了很多书、上了很多课，那些作者、老师都告诉我要爱自己。问题是，我已经很久不知道我自己是什么样子了。我对着镜子，认不出我原本的样子，也实在无法说出"我喜欢你"……既然如此，我要怎么爱自己？

在"缠足"的训练中，女性发展出一个又一个假我、戴上一张又一张面具，用以包装自己真实的感受与需求。

我们似乎不得不通过扭曲自我，成为大众希望看到的模样。

我们乞求被接纳、被肯定，以得到单薄的自我价值，却逐渐忘记自己真实的样子。我们也时常以伪装的自我与别人互动，只求得到别人的喜爱。

在电影《穿普拉达的女王》中，女主角在电影后半段对着镜子刷睫毛，看着原本不化妆、不打扮的自己，变成镜子里浓妆艳抹的样子时，对着镜子发愣："这是我真正的样子吗？这是我想要的样子吗？"

我们努力地取悦世界，可能逐渐忘了自己。独处是我们逐步找回自己的方式之一。独处可以帮助我们重新认识自己，了解自己的特质，放下我们对自己的幻想以及别人对我们的期待。

当学会与自己相处时，我们就能成为自己强有力的伙伴，更理解、尊重自己的感受。在面对"缠足"的强大压力时，我们就有办法站在自己这边，成为自我的支持者，而不会帮着外界压迫自己。

如果你时常考虑别人、为别人牺牲，害怕寂寞而很需要被别人重视，练习独处可以帮助你从取悦世界转向取悦你自己。

如果你因为别人不接纳你的感觉、否定你的需求而受伤，练习独处可以帮助你接纳自己的感受与需求。

你或许可以从独处中获得更多面对恐惧、重新拥抱自己的勇气与自信；在孤独时，不会觉得自己被抛弃、不被需要、不被重视。

泡澡、冥想、独自散步

每天给自己一段时间，练习独处。

一开始，你可以尝试做一个人才能做到的事，例如泡澡、冥想、独自散步。若你不是一个人住，当你想要独处时，要让同住的人知道："请不要打扰我。"

不论是泡澡、冥想，还是独自散步，都要试着练习以下重点：

◆将注意力放在自己身上，感受身体的感觉、内心的感觉与意识等。泡澡或冥想时，调整你的呼吸，感受身体慢慢放松。

泡澡的时候，若你对精油不排斥，也可以使用一些精油，并且观察使用精油后，自己身体的感受，看看自己是喜欢、觉得舒适，还是排斥，觉得对身体有刺激……

以这类感受为标准，慢慢将泡澡时周围的环境调整为你最喜欢，让你感觉最舒适的样子。

◆在这样的过程中，带着对自我的好奇与了解，聆听自己的声音。不批评、不否定自己的所有想法和感受，如实地接受它们："这就是我现在的感受与想法。不分好坏，它们就是我的。"

◆放空练习——如散步时，你可以留意四周声音、味道、景色的变化。让自己的思绪停在外在环境上，不需要有太多想法。例如听到车声，就让自己的思绪停在听的状态上，而不需往下思考车声吵不吵、烦不烦。

写日记

我们如果对自己的情绪不了解，就很难清楚自己的喜好、需求，以及梦想，就很可能错把别人的期待与梦想，当成自己的。

独处会给我们许多和自己对话、了解自己情绪的时间。

当面对自我时，我们心中或许会有许多情绪跑出来，纷乱不堪。一开始，这些情绪可能让我们无法承受。每一两天给自己一段时间，和自己对话，并且自由书写脑海中的想法或内心的感受。你所压抑的需求和感受会渐渐在书写的过程中越来越清晰，自我的真正面貌也会慢慢浮现出来。因此，写情绪日记是帮助你的好方式。

找到不会被干扰、可以独处的时间与空间。若有机会，甚至可以将家里的某一个角落布置成专属于你的疗愈小空间。在这个空间里，放一些能够疗愈你，让你感到放松、舒服的物品，你可以让这些美好的东西围绕着你，陪伴你做这个练习。

开始练习前，做几次深呼吸，专注于自我，放松身体，放空思绪。

你会开始有一些感受。轻轻地停在这里，不做批判地认识这些感受，然后开始书写，并试着问自己以下几个问题：

这是什么感受？我会怎么形容它？

我什么时候会出现这些情绪？

我会联想到过去的什么经验？

一发生这样的事，我会对自己说什么？会有什么样的反应？

出现这样的情绪后，我会对自己说什么？会有什么样的反应？

我是否能做出其他的选择？

理解、接纳你的各个面向与情绪，做自己的理想父母

有时我们会很害怕碰触自己的情绪，因为我们担心情绪的波动可能巨大且猛烈，会让我们失控。

但情绪其实是需要被注意的 "孩子"，认识自己的情绪，并且标记情绪，反而会使得情绪被看到、被理解，使我们不至于失控。

深入了解自己标记出的情绪最常在什么情况下出现，以及它们出现时，自己会用什么方式对待它们。这样，你就可以看到你和内心的 "情绪小孩" 互动时，是否复制了过往一些大人与你互动的方式。比如，你否定、批评或压制情绪小孩，是否因为父母或其他大人也曾用类似的方式对待你。

重新检视你和自己情绪的互动方式，试着用了解、接纳的

方式靠近情绪，温柔地对待情绪，而非压制、批评或厌恶情绪。

你对情绪的这种温柔，或许是你从来没有得到过的，却也是你期待父母能够给你的。

试着担任自己的理想父母，让自己感受到被爱、被尊重，以及被无条件地接纳。

倾听内心真正的声音，建立自己的标准

当你开始学会辨识外在杂音，以及自己的真正感受时，你会慢慢听到自己内心真实的声音与需求。

当你开始听到自己的声音，并且对于外在的标准有所怀疑时，你可能会在一段时间内感到无所适从，不知道应该按照什么标准做决定。在我们重新检视外在标准如何影响我们，甚至决定不囿于外在标准时，我们就需要建立起自己的标准，并将其作为自己的生活准则。

建立自己的标准的关键之一是认识我们自己。

我们越了解自己，就会越了解什么是自己的核心价值，也就越能建立属于自己的标准。

自我认识练习

◆ 认识自己的特质：

用二十个以上的词语来描述你自己。

例：勇敢、积极、懒散、忧郁……

写出这些特质中，哪些是你喜欢的，哪些是你不喜欢的。

分辨这些特质的功能。即使是你不喜欢的特质可能也有一些功能，想一想，它们在哪些时候对你是有帮助的？

◆ 仔细思考，这些特质会让你联想到什么，可能在什么情况下出现？

你可以以工作、物品、活动、兴趣、食物、场合、地点等各种面向为书写主题，询问自己。

如此，你可以更深入地理解自己的更多面向。

◆ 你觉得别人是怎么看你的？

在这个书写主题中，你可以先试着写下自己的想法，然后询问三个以上你的好友、家人或同事，请他们写下对你的看法。

试着对照一下你以为的自己和别人眼中的你有什么不同。你在不同的角色中，与不同的人互动时，他人对你的看法是否会完全不同？

◆ 做什么事情会让你感到快乐与放松？

试着尽量列出会让你感到快乐与放松的事情，若你发现自己列不出来，就请试着去创造一些，或者询问身边的人，将他们的答案作为你自我照顾的"数据库"。

承认你的阴暗面，它们是你的力量

当你开始练习碰触自己的情绪后，如果你发现自己是个高度敏感的人，你在意的或者让你不舒服的事情特别多，你常常生气或者觉得被亏待，那么你在认识自己的过程中，看到了现实自我与理想自我的差距。你觉得焦虑，不喜欢真实的自己，甚至很想否认你看到的自己……这些都是正常的。

实际上，仔细想想，你就会发现，你选出的那些自己不喜欢的特质，在某些时候可能曾对你有所帮助，甚至给你很大的力量。

练习承认你的阴暗面，好好认识你真正的样子，然后学着欣赏它，它很可能会给你回报。

学着照顾、取悦自己

如果你能取悦别人，却不喜欢照顾自己，你就需要问问自己，你能否把自己当成一个对自己而言非常重要的人，并且取悦他／她？

当你愿意多花一点时间照顾、取悦自己时，你会发现，你在自己的心中越来越重要，你再也不会轻易放弃自己的需求，或者总是在面对他人的要求时委屈自己。

你能照顾你自己，就能评估自己的能力与意愿来决定要不要帮助别人，不会因为过度牺牲、委屈，让许多怨恨，侵蚀自己，也侵蚀你与他人的关系。

我在前文中提到过，你如果不了解做什么能让自己感到轻松快乐，可以询问身边的人，将他们的答案作为你照顾、取悦自己的"数据库"。

学会安抚习惯性的罪恶感，建立界限

还有一个关键因素会阻止我们照顾自己：面对负面信条时，我们的内心很容易产生巨大的罪恶感，我们几乎从来不抵抗它，总是臣服于它。这也会让我们无法面对心中强烈的焦虑，难以做出自己想要的决定。

因此，接下来，我想带着你写下会带给你安全感的语言，安抚你心中习惯性的罪恶感。

◆ 在内心想象一个会支持你的人，他／她会在你做出内心渴望的选择时，支持你，不批评你；或者想象一个你心中的典范，他／她是一个不会委屈自己的人。

这个人可以是愿意支持你的家人、你的好友、你憧憬的对象，或者你的心理咨询师／心理治疗师，甚至可以是你想象出的更有力量的、更强大的自己（你想成为的人）。在内心描绘出他／她的形象，让他／她成为支持你的力量。

◆ 设想一下，你内心想象的这个人知道你面对的困境时，会对你说什么？当你做出决定时，他／她会怎么支持你？

例：他／她可能会说"你想要回家跟父母过年的要求一点都不过分。我支持你做出自己想要的选择"。

◆ 练习大声地复述他／她所说的"有力量的语言"。

"我想要回家和父母过年的要求一点都不过分。我支持我做出自己想要的选择。"

如果你发现，你不太容易想象出有力量的语言，甚至可能在想象的过程中，产生打断你想象的罪恶感，可以用下列有力量的语言帮助自己进行练习：

我一直是很替别人着想的人，不会提出过分的要求，因此我想满足自己的期待并不自私，而是自重的表现。

我重视我的感受与需求，我想要成为保护自己、尊重自己的人。

我想满足自己的需求，而非牺牲自己来满足别人的需要。

我不会强迫别人牺牲自己来满足我。满足、照顾好自己是我人生中重要的功课。

满足自己的需求并非是自私的，而是因为要自爱、自我照顾。强迫别人按照自己的需求去做才是自私的。

我要了解、保护与尊重自己的感受，因为除了我以外，没有人能够做到这件事。

我做的事是为了我自己，没有对不起任何人。

展示真实的自己，与他人培养平等关系

练习表达自己，发展真实的自我

当你越来越清楚地认识自己的特质与情绪时，你或许会发现，你时常使用一些方式来掩盖自己受挫、伤心、愤怒、嫉妒等真实感受。很多女性从小就习得避免冲突、在乎别人的感受，因此，你可能会将觉得自己不好的负面情绪掩盖起来。事实上，认识自己的情绪与感受，能向他人表达自己，是成为发展真实的自己，让世界重新认识自己的关键。

练习表达自己之前，你可能会遭遇一个困难："这样别人会不会觉得我很难相处（很奇怪、很自私或很自以为是）？"这样的声音会在你进行自我批判时出现。

如果你听到这样的声音，请告诉自己：

或许别人不习惯我的表达方式，但我可以通过尝试、学习、了解怎么表达可以让别人理解我，甚至达到让双方的表达方式都得到改善的双赢结果。或许一开始我做得不是很好，甚至可能会出些错，但是我相信我是可以做到的。如果我不练习，我就可能永远都无法改变。

同理自我与他人，并设立情绪界限

当你开始认识自己的感受、想法、需求等各个面向，想要表达自己时，或许你不太习惯新的、真实的自己。

打开感觉之后，你可能会发现自己要承受很多刺激。过往被压迫、受伤的经历或许使你在与他人的互动中很容易变得敏感，甚至觉得别人想要侵犯你、看不起你。

你可能会变得有点挑剔，想要退缩。

在这个阶段里，最容易干扰我们的是"我不确定我的感觉对不对""究竟是对方真的侵犯了我、不尊重我，还是我过度敏感"。

如果你发现自己有这样的困扰，我建议你尝试以下步骤。

停

在与他人的互动中感觉不舒服时，先不要马上做出反应，但也不要压抑自己的情绪。你可以先找个理由，离开现场。不要立刻按照对方的期待或需求做，但也不要觉得对方是在恶意侵犯你。

看

（1）同理自己

找一个空间，让自己有机会检视一下刚才发生的事情：

"我觉得刚才他说的话（对待我的方式）让我不舒服，是因为这个举动真的不尊重（压迫、伤害）我，还是因为他的举动让我想起曾经让我不舒服的感觉？或者，我对他的举动解读过度？"

如果很难分辨，你可以想想："如果朋友告诉我，今天他／她遇到这样的事，我是否也会觉得对方的言行很不妥？也会有类似的感觉？"

或者，你也可以考虑与朋友或身边的其他人讨论这样的事，观察他们的反应可以让你对自己的感觉更加明确。你可以深入地问："你有这种感觉的原因是什么？"这会帮助你理解自己出现类似感觉的原因，更清楚感觉的来源。

当然，你的感觉没有任何人可以替代，试着理解自己的感觉与出现某些感觉的缘由，练习对自己说出自己的感觉而不批判自己，接受"我的感觉就是如此，虽然我还不知道它们的出现合不合理"。

你会发现你虽然清楚地知道原本高涨的情绪是什么，没有抑制它们，但它们可能会因为你的接受，而变得越来越平静。

我们越了解自己的情绪和感觉，越能不批判地接纳它们，就越不容易失控，越能敢于碰触自己的情绪，不再那么害怕失控。

（2）同理他人

当你了解并接受自己的情绪时，你就能换个角度理解他人的感觉与举动代表的意义。

别人表达痛苦等感受时，有的人可能会觉得被冒犯，甚至觉得愤怒、生气。如果你会这样，那么你可以问问自己：

"是不是因为我觉得自己更痛苦、更难受，但是我都没有表达，所以我会想：为什么这些人可以这么任性地表达自己，还要我配合他？"

是的，如果你不能接受自己的痛苦，在面对可以跟你有不同选择的人，并认为自己应该做些什么时，你就会因为觉得不公平而愤怒。

因此，同理自己是非常重要的：因为你无法了解自己的痛苦，就不能同理别人的痛苦。

当别人表达出自己的感受或情绪，你觉得"应该"要响应，要满足对方时，你就可能生气，觉得被束缚。

提醒自己：不是非要响应或满足对方不可。学着先了解自己的意愿，想要响应对方说的哪些部分，要让自己有意识地选择。

决定要响应哪些部分，是我们学会尊重自己的意愿，重获人生掌控权的关键。

应

当你发现你有不舒服的感觉的确是因为对方的行为侵犯了你，那么如何向对方表达你的感受，就是你需要思考、练习的。

如果你发现对方的言行其实并不过分，你会不舒服只是因为他之前做过让你不舒服的事情，或者以前你在面对类似言行时不舒服的感受使你"一朝被蛇咬，十年怕井绳"，你就需要练习分辨现在的感觉和过去的感觉。做到这一点，你才不会表现出愤怒等情绪，你们之间的关系才不会受到伤害。

若你觉得分辨过去的感觉和现在的感觉有些困难，你也可以请合适的心理咨询师协助你辨识内心的感受，疗愈过往"被蛇咬"的创伤。

经过"看"的步骤，若他人向你表达感受与需求时，你"想要"做出有限的回应，你就可以试着那样做。但如果你不想做出回应，也请试着说出自己的困难，拒绝对方。

上述的"停""看""应"需要长时间的练习、调整，请多给自己一些时间。

如果你暂时没办法做到，也请不要严苛地责备自己，因为"知道但做不到"是我们常遭遇的困难。那些过往没被安抚、疗愈的情绪会在我们承受压力时，跑出来帮我们做决定，甚至让我们下意识地做出与过往相同的选择，这是非常正常的。

了解自己，给自己勇气，要从尊重自己的意愿开始，一点一滴地调整自己。

当你感受到自己的变化时，请给自己一点鼓励，这是你努力面对自己的成果。

设立情绪界限

设立情绪界限是摆脱过度牺牲、"缠足"观念影响的重要步骤。

有些女性会不自觉地按照别人的需求做，常常无法忽略他人的感受与需求。上述的"停""看""应"其实就是设立情绪界限的执行方法。

在面对他人的情绪与需求时，若你发现自己的情绪界限较模糊，很容易被他人的感受与行为侵入，你又无法视而不见，你就可以提醒自己两件事。

（1）不要解读对方的言外之意

有些人习惯不说出自己真正的感受与需求，却用迂回方式让他人产生罪恶感。

例如："我觉得自己身体不舒服，子女都不理我"或者"现在的年轻人都这么不负责任""现在当儿媳妇的，命都很好"……不要尝试解读对方说这些话的目的，只听他们说的话的字面意思，然后对自己说："他／她的想法、感觉就是这样，我尊重他／她，只要他／她没有清楚地说出感受与需求，我就当作听不懂。"

当你开始这么做时，你会发现自己的情绪不再容易跟着对方起舞，对方也不再能轻易控制你，你对自己的感受也会变得更好。

（2）我只为自己的情绪与行为负责[①]

情绪界限与自我肯定的程度有关。若你有较高的自我价值感，对事情有一套自己的标准，不容易受他人的评价影响，你的情绪界限也会相对比较清楚。

上述的所有练习，其实都是在强化我们的自我价值。

"我只为我的情绪与行为负责。"这句话是你的护身符。你身边的人有一些情绪与感受时，你愿意替对方着想、同理对方，是因为你心中有对他们的爱，但你对他们的在意与照顾并不是应该的。

你最重要的任务是照顾好自己的感受与需求。当你有多余的能力时，你可以选择把一些力气花在你爱的人身上，在这样的过程中，感受自己对他人的爱。

此外，如果你会因为被不公平地对待而不舒服，你就需要试着了解："他会这么对我，可能是出于他的习惯，而非因为我做错了什么。"

---

① 曹中玮老师在《当下，与情绪相遇》以及《当下，与你真诚相遇》中介绍过"情绪界限"与"我只为我的情绪与行为负责"两个概念。

一些人喜欢把自己的情绪、需求压在别人身上，甚至时常认为"你不满足我的需求，就是你的错"。我们需要辨识这样的人，辨识他的指责背后的目的，而非下意识地将所有错误怪在自己身上。

要想成为能爱自己，也能爱别人的人，就要在与别人的互动中清楚"我是有选择的"，不要把别人的攻击与情绪勒索当成自己做得不好的证明，继续受别人影响，让自己痛苦不堪。若我们不练习做这样的分辨，不能理解"有些人会这么对我是因为他们本来就是这样的人，而不是因为我做错了什么"，我们就会被困在这样的恶性循环里。这可能会让我们自我怀疑，对自己失去信心，甚至觉得自己很糟糕；也可能会让我们过度自我保护，认为这个世界中的一切都是危险的、是会伤害自己的，对所有人都变得淡淡的，不与他人连接，只为了保证自己不要受伤。

不把别人的问题当成自己的问题，人生会开阔很多。

保持自我：经济、心理独立

经济独立：自我独立的第一步

有些女性在经济上非常独立，但在心理与感情上很需要他人的肯定与支持。她们在感受与想法没有受到他人的肯定时，就会自我怀疑。

有些女性在经济上无法独立，她们身边的一些人会认为"没有经济能力的你，是没有价值的"。这使得这些女性努力奉献，却没有得到相应的尊重与支持。

实际上，我们从小到大接受训练，学会吃饭、睡觉、洗澡，赚钱养活自己，安排自己的生活等几乎都是为了要照顾好我们自己的需求。所以若你发现自己大部分时间都在满足他人需求，你就要将注意力放回到自己身上，试着独立照顾自己的生活。

当你开始行动时，你可能会发现："原来，我可以照顾好自己，不需要依赖他人。"这个发现是你独立的关键之一，而经济独立是能帮助你独立的第一步。

心理独立：你可以有自己的想法与感受

若你习惯被别人定义，甚至让别人决定你的生活与感受，总是接受别人说的"这样是对的，那样是错的"，你当然很难有自信，也很难相信自己可以不用依靠他人而独立生活。

你必须学会尊重你自己。没有人可以决定你的感受、你的需求，没有人能假设和定义你所受的伤害。即使是你最爱的亲人，也没有权利跟你说："这样还好吧，你又没有真被怎么样，得饶人处且饶人吧！"因为，你的感受和需求是你自己的，那些伤痛，只有你自己最清楚，也只有你自己，可以为自己的感受，为自己受的伤做一些事情，好好保护自己。

很多时候，你的改变在外人看来或许只有一点点，他们甚至完全观察不到你的改变。但你了解自己内心的一些东西变得跟以前不一样了。我把这样的改变称为"肚脐眼的胜利"。

有趣的是，当我们越来越了解自己真实的样子，也越来越尊重自己时，我们身边的人不一定觉得舒服。因为以前你面对所有的要求时，几乎都说"好"，而现在你会拒绝了，有自己的意见与想法了，你不再一味满足他们的需求，他们当然就不见得愉快了。

或许斩断"心理脐带""拿下裹脚布后重新站立起来"的过程是疼痛不堪的，但你内心难以替代的满足与快乐，将会是你做出改变后收获的最好的礼物。

写
于
最
后

鼓起勇气，对"应该"说不

读到这里，或许你慢慢厘清了束缚你人生的"裹脚布"究
竟都是什么。你看到了它们，知道它们缠了你多久，对你的影
响有多大时，你或许会对别人生气，也对自己生气。你甚至可
能对自己无法摆脱这些"应该"而感到无力、无助。

我想让你知道：这些"应该"成为"约定俗成的一环"并
捆在你的身上，不论是因为别人，还是因为你自己，都会对你
产生许多潜移默化、难以察觉的影响，会让你有许多无可奈何
和不得已。你愿意开始面对这些"应该"，并且聆听自己内心的
声音，就证明你已经比自己想象的还要努力、勇敢。

刚开始摆脱这些"裹脚布"的你，可能没办法那么快独立，

也可能会因为觉得很痛而想要放弃。

不论如何,在重新找回真实自己的过程中,我非常希望你可以成为自己的好朋友、好伙伴,给自己一些鼓励、一些理解、一些你舍得给别人但不舍得给自己的心疼与支持。

我希望你可以对自己说:

"一路走来,我一直都很努力。我做得很好,我辛苦了。接下来,我想学会好好照顾自己、相信自己,我想要对自己好一些。因为,我真的值得。"

是的,你真的值得。

让我们一起在这条路上,互相扶持,互相提醒,不委屈自己,好好照顾自己。

让我们一起深深地爱自己,爱这个陪伴我们最久,从没有放弃、抛弃我们的人。